就算
颠沛流离，
也要
风生水起

赵丽荣 —— 著

四川文艺出版社

前言

我曾经在微信群里问过我的读者：终其一生，你们心心念念追求的人生目标到底是什么？

大家的回答居然惊人地一致："外物。"

穿透时光的足迹，喊出了这个时代的主题。这一生，似乎只有外物，才能填满厚重的生命；失去外物，物质的血脉将戛然而止。于是，我们深陷千丝万缕的蛛网，在外物的束缚中在劫难逃。

无数段披荆斩棘的时光里，本以为一切都将如愿以偿，没想到迎来的却是事与愿违。于是，我们把自由卖了，换成了追名逐利，也陷入了"颠沛流离时"。

其实，外物纵然重要，但若是失去了灵魂深处的闲趣，失去了"纵马踏花向自由"的魄力，外物便失去了赖以生存的沃土。就像是内部缺水的丛林，纵然眼前密林纵横，但终有一天会水草干涸、绿意无存。

唯有在营造外物的同时，以趣味来点缀，用趣味改变万物，才是锦上添花。

所谓趣味改变外物，是善于用生活中旖旎多变的趣味，来"软化"生硬板正的外物，使我们不得不面对的外物，染上一丝妙趣横生的色彩，那么，颠沛流离的人生，岂不是也能风生水起？

一直以来,我都喜欢用"过尽千帆"这四个字,来看这漫漫一生的人间过往。

人生里走来的我们,是一片海。看过日出日没、潮涨潮落,于是,我们的生命喧嚣而繁复,人声鼎沸,世事叠加。

我们漂在海上,不断经历,不断收获,又不断失去。我们本身也是海,被缘分注定的人经过、被时光经过、被世事经过。经年之后,被一艘艘漂来留下,或漂来又漂走的船,渡成了"过尽千帆"的人生痕迹。

这,就是我们每一个人的人生主题。

"过尽千帆"出自晚唐诗人温庭筠《梦江南》中的名句"过尽千帆皆不是,斜晖脉脉水悠悠"。人生之海,晨曦与斜晖,伴着那悠悠的江水悠悠地流。身在其中,我们被世事的温暖浸润着心扉,也被世事的喧嚣困扰着心境。

至此,还是回归到我们要说的主题,回归到千帆之后的落脚与安放处,于是,我们便走到了:

沉舟侧畔千帆过,病树前头万木春。

你看,人生的过尽千帆处,翻覆的船只旁,还是有千千万万的帆船经过;枯萎的树木前面,也有万千林木欣欣向荣。

人生跌跌撞撞,我们还是扬起了云淡风轻的面庞,迎着海风,看生命的春天,在无数个意犹未尽的意趣中,绽放出最美丽的姿态,不是吗?

在过尽千帆沉舟处，在风生水起的刹那间，看饶有意趣的人生，是岁月最美的归处。

所谓心有意趣，到底是什么？

作家汪曾祺说，人活着，总要热爱点什么。其实，那些热爱，不过是为了让心在繁杂的世界找到一处栖息地，在周而复始的平淡日子里发现生活的新意，在历经生活飘摇后依然热爱生活，与时光对饮。

在汪老的生活里，无论多忙，都不会失去意趣盎然的清味。喝酒、品茶、听曲、写文、鉴赏美食，只有"人生得意须尽欢"，生活才好玩。所以在汪曾祺纯澈的眼神里，世界百态间，包括人生颠沛处，都有有趣的东西。

就像采菊东篱下的陶渊明。他淡泊名利，远离世事喧嚣，也不羡慕荣华利禄。他喜欢读书，每当对书中内容有所领悟的时候，他就会高兴得像个孩子一样手舞足蹈，这是他独有的生活意趣。

就像绿肥红瘦的旷世才女李清照。她一生动荡不定，但是这个心似莲花的女子，因为内心世界的丰盈，依然能在家庭出现变故时，在归隐田园的"易安居"里，与丈夫"赌书消得泼茶香"。所以，她也总能在风雨飘摇的人生里，带着那一份安闲自得的雅趣，与时光对饮。

就像我在书中写到的一位服装设计师。忙碌是工作的必然，可是"感受乐趣"却是她生命中最翩然的尘世之乐。工作严谨的她，也是一个在苛求完美的路上不停和自己较劲的人，可她却从不曾遗忘生活的情趣。有时，在设计室和同事们就灯夜缝的晚上，当她疲惫时，抬头之际，发现夜空如水，月亮很美，就立即让同事放下手边的工作，大家一起笑着闹着簇拥着去赏月。她喜欢生活中所有美好的事，喜欢音乐和诗词，曾经策划过一场"躺着听"的音乐会，极其特别。

就像我认识的那个身患"小儿麻痹症"的女孩。她在面对世事无常时，也曾万念俱灰。为了给自己觅得一份生活乐趣，她爱上了编织工艺品。那时的她，每天脸上都会洋溢着甜甜的笑。很多人都诧异于她在如此悲惨的境遇下，居然还能有如此纯澈的笑颜。她知道，是"心有意趣"的生活情致，改变了她的心境。不成想到的是，她的这些手工艺品，偶然中被一位民间艺术家发掘，艺术家试着将她的作品带到展览会上，没想到引来很多人的欣赏和关注。一年后，她成了某文化公司的设计师，她的作品一经上市，便成了供不应求的网红艺术品……那一年，她残缺成殇，万念俱灰；那一年，她坐享意趣，心思澄澈；现在，她左手爱好，右手事业，人生过得风生水起。

就像我的一位朋友。那一年，查出自己身患癌症时，她刚和谈了三年的男朋友分手，干了两年的工作也丢了。失业失恋外加病魔缠身，一瞬间她的世界便陷入了无尽的黑暗深渊。这对于要强又年轻气盛的她来说，无疑是一种致命的打击。一段时间的颓废后，她开始和自己和解。一个真正有趣的灵魂，在看清生活的真相后，就会与生活握手言和。于是，她决定走出心灵的阴霾，回到阳光下，过灿烂而有趣的生活。那时的她，虽然家庭条件不算优越，但除化疗必须住院外，其他时间她总是笑靥如花，化着精致的妆容，穿着得体的衣服，优雅地出现在人们的视线中。培训师的工作干得风生水起，各种讲座活动搞得铿锵有声，事业一路扶摇直上，一点也不给人"病态"的感觉。她总是不卑不亢，做着自己该做的事，活出自己喜欢的样子，坦然地绽放着生命的趣味，是她活着的姿态。

走过喧嚣纷繁的世事，看过"颠沛流离"的人生，最后，我们终要在"风生水起"处，绽放生命最华美的姿态。

我们需要的，是走出去，寻觅繁忙生命中，那一点安恬和阔朗，让心在翩然中休养生息。这样当我们再次带着轻盈的状态回到生活时，便有了继续前进的生命力。

认清了生活的模样，就会与时光温暖相拥。

终于，浮世繁华的山高路远处，闪现出陌上人间的良辰美景……

目 录

第一章
忙与盲像个核桃，在有仁的意趣里看阳光慷慨

003　岁月把忙碌吹成疾风，我却用顽皮的心酿成春风
009　穿透盲目里的迷雾，把人间清醒还给日月天地
015　喧嚣和跌宕还在营业，安恬和阔朗也不会打烊
020　"贪婪之重"掀起巨浪，在"物随趣移"里上岸

第二章
在生活的苦色和灰色之间，无用的小事是第三种绝色

029　无用的小事是一根针，将拼命到溃烂的生活缝合
034　无用的"静谧"是柔软的剑，刎住时光凌乱的"喉"
040　"奴心"至深，毒极必伤，"无用"是复生解药
046　无用是韬光养晦的发酵，成全无心插柳的优秀

第三章
岁月很长，人间很忙，我在中间踩着云朵贩卖乐趣

055　就算昨夜雨疏风骤，我也要用时间煮雨，岁月缝花
061　浮光掠影匆匆，抬头看天上就是光
066　在"静观"的高明里享受无租期的三亩花地
072　行到"水穷处"的阴沟，也不忘踩着云朵贩售乐趣

第四章

第一次无谓贫富，是在玻璃晴朗、橘子辉煌的寻常里

热爱可抵岁月漫长，清欢可渡人间薄凉　　　　　　　083
那一瞬间的不亦快哉，是晕染了生活的油彩　　　　　089
在鸡零狗碎的生活里，用天真烂漫拼起一些小确幸　　095
这路遥马急的人间，需要别出心裁的烟火趣事　　　　101

第五章

在机会断裂的颠簸里，抖落一鸣惊人的精致和滚烫

世事落差的惊慌失措后，乐趣的切换是另辟蹊径　　　109
在生活颠簸的失重感里，明明一落千丈却偏要一鸣惊人　116
左手在失去里翻江倒海，右手在意趣里遇水架桥　　　122
让"那几朵阴云"如刀，劈开压力，还你一身奇迹　　128

第六章

凌迟所有无能为力，与江湖亲友虚度"无意义"的时光

无能为力是绝望的风口，爱的妙趣是出逃的风向　　　135
跳下生活这匹野马，做一只自由而有归属感的猫　　　140
本不该令人欣喜的人间，偏偏你携友情来了　　　　　146
飘过江湖夜雨，与懂我的人碎碎念念，岁岁年年　　　151

第七章
在吃喝玩乐的烟火气里，把人间疾苦烧成新的春天

159	撒一把人间疾苦，消散在美食滚烫的热气腾腾里
165	在一壶酒带来的微醺里，摇摇晃晃，碎了失意，爱了世界
171	一盏清茶，烹散身后的焦躁，烹醒身前的欢喜
177	让热爱不遗余力，让浪漫向阳而生

第八章
带着冒险的冲动，行走在"放浪形骸"的热带火花里

185	那些很冒险的梦，是覆盖式的快乐在俗世外弥散
192	若苍白成为重大过失，"放纵"便是最大刀阔斧的救赎
198	一定要走过世事纷扰，带着"天性"走到灯火通明
205	第一次看到宇宙，是在一刹那燃烧时的火花里

第九章
就这样喜欢人间，喜欢不落的太阳和每天的小美好

213	你嘴角有一抹暖，那是天涯回归时月亮奔你而来
220	在渐入佳境的人生里，与这一路的颠沛流离和解
227	等到过尽千帆王者归来时，山河岁月都做贺礼
234	在入世中抖落一身肆意狂欢，从此长居快乐里

第一章

忙与盲像个核桃,
在有仁的意趣里看阳光慷慨

岁月把忙碌吹成疾风，我却用顽皮的心酿成春风

生活可以忙碌，但是生活的乐趣，却不可以被剥夺和淹没。且忙且快乐，时不我待的忙碌紧迫里，用顽皮的心拨开云雾透口气，是生活里最美的意趣情致。岁月把忙碌吹成疾风，我却用顽皮的心酿成春风。

每次问候亲人朋友时，我总能在他们焦虑的口吻里，听到压抑中挤出的三个字：

忙忙忙。

忙，仿佛是生活的标配，是生活的标签一般，深深地印刻在了活着的每一个瞬间里。

从古到今，"忙"这道符咒，似乎成了孙悟空头顶的紧箍咒。一路走来，风尘仆仆，带着心底的殷殷期盼，想要把每一天的日子过成自己心中已经憧憬了千万次的模样，于是，便有了再也停不下来的脚步。

这每一次忙到"亡了心"的旋转，转到最后，已然成了麻木。

于是，我们总是会一边匆匆向前，一边又茫然地问自己：我要去

哪里？

这让我想起了周公的故事。

周公是周文王的儿子，本已是地位显赫，没有后顾之忧，可他却一直处于极度的焦虑和忙碌之中。

比如：每次洗头发的时候，碰到急事，他就会马上停止洗头，把头发握在手里去办事；每次吃饭的时候，有人求见，他就会马上把来不及咽下去的饭吐出来，去接见那些求见的人。

很多人问他如此忙碌的原因，他说，这样做，是因为害怕，害怕失去"周天子"的天下。

我之所以提到周公的故事，是因为他的那一句"因为害怕"。这四个字，不是也一针见血地道出了我们的心声吗？我们终其一生都在忙，忙到心力交瘁，就是因为害怕。

害怕什么？

害怕时间过得太快，快得连梦想都一起带走，于是我们便在忙里，不停地奔跑……

记得某次和朋友去精神病院做义工，认识了一个男孩。他很年轻，不到三十岁，和哥们儿创业失败，沮丧之余，因为生性要强，一度患上了焦虑症。记得见到他时，他神志清晰，只是满面愁容，压力让他过早地华发丛生。

我们和他坐在一起，故作轻松地和他随意聊着什么。我希望能以轻松的态度,给他一个良好的引导。

我说:你看上去很放松,我想,你已经走出来了。

他说,以前的我,完全不是这样的。记得那时候,我的梦想就是开一家自己的公司,可创业总是艰难重重,于是,我渐渐开始害怕,害怕失败,害怕时间不等人。于是,我更加紧迫地在忙碌中追赶,完成一天的工作后,身心俱疲,又心乱如麻。

我不喜欢这样的感觉,但是我知道自己已经停不下来了。对于未来,我并没有太多的自信,恐慌随时相伴,日益加深的内耗,加之工作的繁杂,让我不堪重负。

失眠是我的常态,每一个午夜梦回的夜晚,落寞在心头翻滚,独在异乡的孤独,忽然被无限放大,我一个大男人,居然一次次泪流满面。

我还是一个内向的人,心里明明有颇多感触,却不愿意说出来。压抑久了,身体机能随之出现问题,中医说是血气郁结。我知道这样下去,我的身体迟早要出问题,我也曾试着把不良情绪发泄出来,可我却找不到更好的途径和渠道……

我听着他的故事,仿佛听着自己的故事一般。其实,生活中的我们,不都是这样一路走来的吗?

故事还没有结束。

再后来,我听说他已经全然康复了。

一场艰难的逆旅,让他顿悟了人生。在医院休养的过程中,他开始学着放下得失成败的执念，让心回归平静。原本喜欢文学的他，开始静下心来，写一些内心的感悟，透过文字，发泄自己的坏情绪，也更深刻地认知自我。

曾经那些一起嬉闹玩乐的朋友，在他创业忙碌时已然被他抛掷脑后，如今又回到他的生活中。他们依然如往昔，三五成群地在生活忙碌的间隙里，疯狂地体验着生活里该有的乐趣。煮酒黄昏，把酒调侃，席间说一说压抑了很久的心里话，谈一谈工作生活的想法和打算，很多话，在说出来的时候，心结也就解开了。

累到无力时，他也会给心灵放个假，带着家人周游世界，无牵无挂，心无旁骛，不再多想明天的生活，不再担忧明天的未知，更不愿回忆过去，无论美好还是沧桑。重要的是现在，看着亲人们的笑脸，就是最真切的幸福。

有时，他干脆让自己待在一个安静的环境里，倾听内心的声音，让灵魂自由地歌唱，让疲乏的心灵安静地停靠……

不再害怕，不再焦虑，在时不我待的忙碌紧迫里，用顽皮的心把世事酿成春风。

于是，他重生了……

在那场旷日持久的三年新冠战役中，她是一名普通的医疗垃圾清洁工。

她每天的工作就是处理核酸检测使用过的棉签，以及医护人员和病人使用过的口罩等医疗垃圾,而且每天还要负责将这些医疗垃圾运送到指定地点,她经常汗流浃背地推着半人高的垃圾桶来回奔波。虽然不是医护人员,但是工作危险系数决定了她必须穿着厚重的白色防护服,站在医护人员身后,做好抗疫大战的后勤工作。

每天早上五点,她天未亮就从远在城北的家中出发,六点赶到核酸检测点,紧锣密鼓地开始一天的医疗垃圾清洁工作。除了需要将医疗垃圾集中消杀,她还必须将垃圾按照国家医疗机构规定的五大类医疗垃圾处理方式进行严格的分类和二次消毒后,再转运出去。医疗垃圾中的有害物质可想而知,因此防护措施也更加严密,每次穿防护服是最痛苦的一件事,尤其是夏天,全副武装好后,还没开始干活已是汗流浃背。穿着防护服工作,她吃饭都变成了一件繁复的事情,每脱掉一件东西就要消一次毒,等鞋套、罩衣、手套等都脱完后,她早已大汗淋漓,于是吃饭也只能狼吞虎咽,火速解决了。

这样的工作量让她每天的节奏都是风风火火的,最忙碌的时候,她甚至连上厕所的时间都没有,马不停蹄地工作一天后,她的双手已经被厚厚的手套捂得失去了血色,脸颊上是被口罩勒出的血痕。

她说,她所有的忙,都是为了帮助人们早日走出疫情的阴霾,让大家都能回归到正常的生活中,所以,她只能忙到停不下来。当她说出这些话的时候,她被汗水浸泡得有些发白的脸上,竟然挂着一丝轻松愉悦的神情。

直到有一天,采访她的记者看到了这样的场景,人们才恍然明白,她的快乐，为什么没有被忙碌的生活淹没。

那天，她们在小区的广场前做核酸检测，黄昏时分，忙碌了一天的她，把同事们召集在一起，她站在队伍的最前面，挥舞着扫把，带着大家跳舞蹈《小苹果》。

黄昏的余晖下，刚刚结束工作后的汗水还挂在脸上，但是她们浑然不知，自顾自地扭动着身体，尽情地舞蹈着。她们的脸上挂着灿烂的笑容，仿佛世间所有忙碌焦虑都和她们无关。

她们笑着、叫着、扭着、跳着……那样子，真的美极了。

当时在场的工作人员告诉记者，她们平时经常用这种"顽皮可爱"的方式解压，所以，她们的工作才能做得如此快乐，这也许就是她们能在忙碌中体验快乐的真正意义吧……

没错，生活可以忙碌，但是生活的乐趣，却不可以被剥夺和淹没。

且忙且快乐，时不我待的忙碌紧迫里，用顽皮的心拨开云雾透口气，是生活里最美的意趣情致。

就算岁月把忙碌吹成疾风，我也要用顽皮的心酿成春风……

穿透盲目里的迷雾,把人间清醒还给日月天地

一味地忙,是一种作茧自缚。唯有挣脱丝茧,方能在不断闪现的妙悟里,活得有趣,也活得明白。那就让我们穿透盲目里的茫然迷雾,把眉清目秀还给日月天地吧。

我的读者群里,每天都有人向我倾诉生活里的负重前行。

有人说,本以为忙,是为了活得明白,可忙到最后,却盲目到茫然。

我说:当心忙到不再清醒透彻时,心灵又怎么会清晰洞见?

所有低着头忘乎所以的"忙",最后换来的,都是闭着眼不知所以的"盲",这是一种思想负担日积月累后慢慢催化的必然结果。

我们都是这样一路走来的。

记得大学毕业后的那些年,为了在竞争激烈的工作环境中更加游刃有余,我每天都会把自己置身于忙碌的工作状态中,试图以延长工作时间的方式,来达到飞速进步的效率。

忽然有一天,当我身心俱疲不知所以的时候,我发现,我竟然忙

到一种盲目的状态。

　　我像一个熊熊燃烧的风火轮般不断往前冲,什么也不想、什么也不听、什么也不看,就那么焦灼而性急地狂奔着,我不知道这是怎么了,我只是不想停下来。身边那些曾经最在意的人、事、物,我都已经无暇顾及。他们从我眼前匆匆一闪掠过,我捕捉不到任何踪迹,我知道不是世事忽略了我,而是我辜负了它的美丽。

　　我的感知都在盲目中交叠纠缠,纠结着心的弦音,弹奏着喧闹而紧凑的旋律。我仿佛紧箍咒下的猴头,在疼痛中眩晕、在错综中呐喊,那生拉硬拽下的猴毛,是我期许的解脱。

　　许是前方的路上有太多未实现的愿望在召唤,许是追赶幸福才能活得安全,许是生命的音符激昂高亢,许是身后的失意太过揪心,于是,我便在不息中寻觅,寻觅着想要的幸福。

　　可是,我没有等来我想要的幸福,却等来了一场疾病。

　　那次,在无数个加班到深夜的连轴工作后,我累倒了。那是我长久以来,唯一一段可以在休息中清闲度日的时光。

　　我每天躺在病床上。起初身体极度虚弱,甚至感觉连喘气都是一种体力活。我只能闭着眼睛,捂着胸口,任凭生命微弱的弦音在空气中回荡。那一刻,我忽然感觉,健康地活着,原来是一件如此珍贵的事情。工作没了,可以再找;健康没了,就无处可寻了。

　　我想,这也算是盲目后的一种妙悟吧。

　　我的病房窗前,是一片浓郁的树林,那段时间恰逢春暖花开。经过一段时间的休养后，我的身体日渐康复。那一天，我躺在床上，内心无比焦虑地想着这些日子因为住院而遗漏的工作。就在我皱着眉头无意间看向窗外时，忽然惊觉，我已经好久没有这样认真地看看大自然的景致了。

只见明媚璀璨的阳光洒向草地，光晕调皮地在草地上跃动。一群孩子在树影花香间嬉闹追逐，跑动时扬起的尘土，如云雾般升腾而起，在光的作用下，形成一道道明亮的光柱，看上去美极了。

我躺不住了，立刻起床，走向窗外的世界。走向因为忙碌被遗忘了很久的大自然，走向因为盲目被障目了很久的纯粹。

那时的我，纯粹得只是一个世间的俗人，只是一个简单的众生，只是一个顽皮的孩童。生活中原本的焦灼，此刻已是云淡风轻。我和孩子们围成一个圈玩儿丢手绢，我带着久违的爽朗大笑，转着圈和孩子们奔跑打闹。玩到尽兴时，眼泪口水横飞，都无所谓了，哪有那么多完美形象，怎么惬意怎么来。被抓到的我，还站在中间，为大家唱了一首《鲁冰花》。我像个孩子一样，手舞足蹈，唱着唱着，仿佛回到了小时候，坐着漫天星空下，歪着头数星星的时光……

原来，生活里不只有追逐的拼搏，还应该有时而顽皮的闲趣。

一场病，换来一段妙悟：原来，人生所有的遇见，都有它的使命。

那次以后，我不再是一个执拗于某种念想的人。努力是生命的必然，但能在追逐的夹缝间加入些许清幽的情趣，却是一种生命的能力。

记得做记者时，我采访过一个民间画家，他让我印象深刻。

第一次采访他时，正逢他在办画展，于是采访便在他的画室进行，我也有幸参观了他的作品。

他的画展，有些与众不同。别人的画展都是很庄重地展示在大厅，人们绷着脸，带着严肃的表情，仿佛观摩某种神圣不可侵犯的圣物一样，小心翼翼地游走在其间。

而他的画室，却被装饰得仿佛婚礼大厅一般喜庆温馨。只见巨大的画室四周挂满了他的作品，大厅的中间摆着大大的长方形圆桌，桌子上摆着各色花瓶，花瓶边上散落着花瓣，每一个花瓶的底部都有一张纸签。

大厅的四个角放着画架和画纸，还有各种颜料。右边摆着一个巨大的松木茶具，茶具前面是一架古筝。

赏画、插花、作诗、涂鸦、品茶、听琴，是他画展的主题。

他的画展，打破了沉闷肃穆的氛围，透着云淡风轻的气质。一场展览，带着艺术的诗意，也带着生活的情致。这就是他要展现的美：皆以有趣好玩的名义开始，让生活的忙与盲，停顿休整。

他告诉我，以前的他，也曾为了艺术创作，忙到心力交瘁。忽而有一天，他发现，曾经从爱好出发而饶有兴趣的绘画艺术，成了某种带有功利性的追逐。忙到最后，他甚至盲目到忘记了自己为什么选择绘画，忘记了自己的初心。

于是，他决定让自己走出盲区，让自己在绘画的世界里，活得有趣。

　　他不再为了追逐绘画市场的需求而作画,他试着一边体会生活的乐趣,一边带着生活赋予的灵感作画。

　　因此,他的画面充满了生活的意境。比如,有一幅画,画面上是一个女孩面对妈妈的牢骚,回头间露出心有灵犀的微笑。画作下面落款写着:生活,需要一些"小牢骚"。比如,有一幅画,是一个光着屁股的小孩,在门前的老树下追一只大黄狗,背景是烟雾升腾的远山。画作下面落款写着:简单的美,即是生活……

　　那些生活中的"小牢骚",那些生活中的"小情趣",总是让看画展的人们,会心一笑。

　　他穿着一身布衣,有着一头清爽的短发,带着憨憨的笑容,穿梭在展厅里。

　　看到有人站在他的画前开心合影,或是大赞"有趣""诙谐""好玩",他总会调皮地躲起来听一会儿,然后"伪装"成一个普通的观赏者,和大家认真讨论一番。

　　一些懂艺术的人,如果看画展时灵感突发,便会走到圆桌边随意完成一件插花作品,顺便在纸签上写上一首诗。或者干脆直接走到画架边上,拿起画笔,即兴创作一幅涂鸦作品。在赏画中赏花、作诗、作画,这是怎样的浪漫境界?

　　"我是随性而为,不务正业,只凭着兴之所至做每一件事,但我很享受这种天马行空的表达。"正是因为这种贴近自然、接地气的创作，他的画反而卖得很好，他的"打油诗""小牢骚""小情怀"，正是繁忙的人们最需要的生活方式，很亲切，又很时尚。

他说，平时的自己，画画、写诗、弹古筝、听风、钓鱼、冥想……在这些看似无用的小情怀里，总能找到心的方向。

一味地忙，是一种作茧自缚。千丝万缕的"约束"和"羁绊"缠绕着你，让你动弹不得，你又如何能以身轻如燕的姿态，为迷茫的心找到清晰的出口？

唯有挣脱丝茧，方能在不断闪现的妙悟里，活得有趣，也活得明白。那么，就让我们穿透盲目里的茫然迷雾，把眉清目秀还给日月天地吧……

喧嚣和跌宕还在营业，安恬和阔朗也不会打烊

安恬之后，思绪便能在纷乱的世事中，剪得开理得清；阔朗之后，身心便能在跌宕的起伏中，有了翩然的起飞点。无论飞到哪里，往后余生，落脚之处，皆是心安。记住，喧嚣和跌宕还在营业，安恬和阔朗也不会打烊。

我曾经在微信群里问过我的读者：你们眼中的世界，是什么样的？

大家的回答竟然惊人地一致：跌宕起伏的人生、沉重无趣的生活、喧嚣拥挤的心灵、萧索苍白的灵魂……我们的世界大抵如此。

在每天无止境的忙碌中，谁不是低着头，如风火轮般匆匆而过？古人诗句里的，渔舟唱晚、高山流水、杏花微雨，已然与我们的生活毫无关联。我们体会不到时光氤氲，我们感受不到岁月静好，心底不断回旋的只有六个字：房子、车子、票子。

这看上去似乎只是个简单的梦想，吃喝拉撒睡，要的不就是车子、房子、票子吗？可就是这三样简单的物件，却剥夺了我们一生的快乐。

于是，我听到了很多这样的声音：

有的人说：我觉得现代生活的本质就是匆忙和孤独，万丈红尘，像一条不归路，我已经成为物质的奴隶，被物欲支配着向前，最后，我的物质世界越来越膨胀，内心却越来越空虚和脆弱！

有的人说：在大都市奔忙的日子里，我身不由己地被现实裹挟着，将自己淹没于车水马龙和钢筋水泥之中，生活没有安恬的味道，只有名缰利锁，跌宕不安。我忙到无心看风景，只能在上班匆匆经过城市绿地时，抬头看一眼湛蓝的天空里飘过的几朵白云；只能从废寝忘食的忙里偷闲里，透过如鸟笼般的 CBD 玻璃窗，看一看外面已经不属于我的明媚春景！

有的人说：突然有一天我发现，我已经忽略了时间的流逝和季节的变换。繁忙而机械的生活，麻木了我的感知，我正在一点点丧失着对自然、对天地、对生命、对生活的热爱和感悟，完全成了物质的傀儡！

于是，有的人说：白天的我戴着面具穿梭人群，夜深人静时，总是感到自己被无尽的荒芜淹没，此刻唯有几杯淡酒能聊以自慰，也只有在这时，我才能听到自己的呼吸，感觉到自己的心跳！

于是，有的人说：现实无法逃避，所以我只能在梦中去寻找心灵的栖息地，为灵魂找到归依的所在。可是梦境太短，醒来后，我依然要带着自己的使命回到现实中，继续在低低的叹息和淡淡的忧伤中，被世事洪流推着向前！

这是这个时代所有人发自心底的声音，我们是不是也在其中，听到了自己心底一直以来埋藏了许久的呐喊？

生活的喧嚣和命运的跌宕，像是一道勒住身心灵魂的枷锁，我们被桎梏在一个封闭的空间里，想要逃出去，却又是如此的无能为力。

为什么？很简单，我们需要房子、车子和票子。

我说出来的，是这个时代大部分人的心声。

追求生活的品质、个人的事业、丰衣足食的梦想、卓越优秀的阅历，本身没有错。我们不是超凡脱俗的隐士，我们都是食尽人间烟火的凡夫俗子，我们还有很多梦想在路上召唤，我们都需要带着自己的责任，走过这个纷繁的尘世。所以，我们没有那么多的时间，在闲情逸致中享受时光，总要回归到生活的奔走与秩序中。

我们需要的，是走出去，寻觅繁忙生命中，那一点安恬和阔朗，让心在翩然中，休养生息。这样当我们再次带着轻盈的状态回到生活时，便有了继续前进的生命力。

那时的你，身处闹市，喧嚣依旧，可心却是静谧安恬的；那时的你，深陷苦难，烦扰不断，却不再哀怨，内心也多了一份苦中作乐的勇气。

此时此刻，你一定懂得：忙中找乐，是最好的重生。

一直以来，我都喜欢着李清照。

她的一生被光环笼罩，却也跌宕不安。而她一生最快乐的时光，是和赵明诚在青州屏居的那些年月。

那时的她，正身处人生逆境。父亲李格非被罢官，作为罪臣之女，她处境尴尬。后来公公赵挺之去世，丈夫赵明诚继而失去官职。朝廷复杂的政治斗争，加之蔡京对赵家人的诬告陷害，一度让赵氏家族在京城失了立足之地。

李清照是何等聪慧淡然的女子，她没有像那个时代的妇女一样，满心失去权势后的无助和哀怨。她知道，人世红尘，有遇见，也有离别；有得到，也有失去。最后，不过是空手来，空手归。漫步人间，每个人都是过客，又何必太过在意。

关键是，要在喧嚣中寻得安恬，在跌宕中觅得阔朗，生活即是翩然。

于是，心性淡然的她和赵明诚，毅然离开是非缠身的汴京，退隐青州。虽然他们依旧忙于金石事业，忙于写诗作文；但是，透过繁忙，他们把酒东篱、莳花种豆，过着闲情逸致的生活。

李清照将自己的书房命名为"归来堂"，将自己的卧室命名为"易安居"。由此可见，她内心已然在意趣中衍生出了阔朗旷达。

我最喜欢的，是那段"赌书消得泼茶香"的故事。

那时的李清照和赵明诚，经常饭后一边喝茶，一边读书。突发奇想时，就会玩赌书斗茶的游戏。一个人说出某个典故，另一个人猜出自哪本书，猜中后决定谁先饮茶。于是，他们一边玩乐，一边喝茶，举起的茶杯在前仰后合的笑闹中，杯倾茶泼，留下了满身茶香。

在这样的情致里，李清照早已忘记了跌宕人生带来的悲凉，苦中作乐的生活里，满是惊喜。

由古及今，现代人总要从古人的生活里，为自己的灵魂找到出口。

我一个朋友，她的丈夫因为倒卖文玩古董，赔得倾家荡产。她一度万念俱灰，不是寻死觅活，就是闹着离婚。

面对颓废的她，我一直都在劝她，事已至此，消沉无济于事，只会雪上加霜，让路越来越窄，不如干脆放下曾经，或者旧物利用，变废为宝，反正她丈夫只对文玩感兴趣，而且鉴别的眼光还不错。

没想到，不久后，这家伙突然开窍了。闲暇之余，她会和丈夫一起去古玩市场闲逛，遇到有价值的古器字画，价格也合适，便买回家中，拿着放大镜在灯下赏玩。

某次买了一件青铜器，看上去气质不凡，只是右下角有一点点微小的缺口。于是，他们便在灯下一边把玩，一边修补。那时，烛火在幽暗静谧的房间闪烁，两张在灯下被映得红通通的脸上，不时荡漾起欢快的笑容。

她说，那一刻，她觉得曾经的惶惑不安，忽然已经隐退到生活之外。于是，她在苦难中寻觅到的生活意趣里，体会到了无限的阔朗旷达。

无独有偶，那件青铜器后来被专家鉴定为文物真迹，价值不菲。

其实，物欲价值不是重点。

重要的是，安恬之后，思绪便能在纷乱的世事中，剪得开理得清；阔朗之后，身心便能在跌宕起伏中，有了翩然的起飞点。

无论飞到哪里，往后余生，落脚之处，皆是心安。所以，我们要记住，喧嚣和跌宕还在营业，安恬和阔朗也不会打烊。

"贪婪之重"掀起巨浪，在"物随趣移"里上岸

生活是最深奥的哲学，忙与盲，外物与现实，都是我们无法抛却的。我们所能做的，便是在生活的河流前，一边带着热情巡视现实，一边带着闲趣遐思迩想，用"物随趣移"的生活手法，消融外物里的重重负累。

一个做心理医生的朋友，在跟我谈起现代人的心理疾病时说：物欲，是一切纷扰烦忧的源头。

在她接诊过的案例里，有一个在厌世情绪中几度轻生被救的人。他是一个官场高手，曾经一路过关斩将，身居高位，叱咤风云。无奈宦海沉浮，明山暗礁，稍有不慎便大厦倾覆，其中充满无法预测的幻灭与重生。他也深陷其中，无数次的官场不如意后，面对世事难测的苦楚，他彻底失去了生活的信念和快乐。

正如我们在电视剧《狂飙》中看到的故事一样，剧中的高启强，二十年前是一个老实本分、备受欺凌的小鱼贩，最讨厌鱼腥味儿的他，在父母双亡后，为了养活弟弟妹妹，只能选择在鱼摊摸爬滚打。二十

年后,他摇身一变,成了黑社会性质组织的老大,心机深沉、霸气十足,人前他是一个温文尔雅的大企业家,背后却做着不为人知的罪恶勾当。

纵观高启强的一生,他其实并不快乐,他后来对外物的贪婪与极度渴望,都来自成长路上的经历。十三岁时,贫困拮据的他靠着五百块钱把弟弟妹妹抚养成人,大年三十在派出所,满脸伤痕的他含着眼泪咽下了那口心酸的饺子,这就是高启强最初的模样,充满了令人心疼的善意。在经历了生活中的种种欺凌和不公之后,他意识到,身在社会底层的自己只有不断获取更多的物质,才能改善自己的处境,他开始一步一步反击,一步步被贪婪的物欲吞噬,从此,高启强的人性发生了转变。

其实,在最初还没有泯灭良知时,高启强是一个很温暖很有生活情趣的人,他会经常和旧厂街的摊贩们打趣调侃,讲述一些平凡的生活趣事;他也会在大年三十为弟弟妹妹包饺子做年夜饭,一家人欢声笑语看春晚、放鞭炮,他原本也能在底层生活的夹缝里为幸福种出一朵花来。我想,那个时候,能做到"物随趣移"的他,也一定是快乐无比的。

可是后来,当对外物的欲望占据了高启强的内心时,他就开始慢慢地失去人性,失去了理智,内心生出的无数贪欲,淹没了他生命中最珍贵的意趣和快乐。

其实,生活中像高启强这样受过委屈的人也不少,为什么他却走上了一条不归路?原因很简单,就是高启强的骨子里隐藏着对欲望的贪欲。如果说高启强前期是为了反抗不公平的命运,为了保护自己和家人,然而,不知是哪一次,一瞬间闪过的对外物的贪婪,在高启强心头萌芽,他尝到了物质的甜头,开始不择手段地获取权力和财富。于是他去建工集团跪拜泰叔后,就开始沉湎于自己拥有黑金帝国的虚荣,从此高启强像一匹脱缰的野马,不惜一切代价在无边的轨道上越跑越远,直到将自己一步步送上了不归路……

外物,本是身外之物,却带着殷殷欲望,如烧红了的火炭,风风火火闯进我们生活的中心,占据了生活的制高点。仿佛打仗时,攻守一座城,于城楼顶上插旗,以示主导权一样,人事外物,也是这样操控了我们生活的导向和心灵的方向。

我们虽然不甘心,却还是义无反顾地如风火轮般向前冲杀,哪怕冲锋陷阵,哪怕头破血流,也要杀出一条血路来。

都说人生漫长,其实,人生短得让人措手不及。这么短的光阴,这么美的时光,我们需要把明净如水的人生,过得这么残破不堪吗?

这是一个需要我们去直面和思索的问题。

当然,大家都曾有过这样的心声:

有人说:奔走在尘世的我们啊,很像一首诗——心似双丝网,中有千千结,我们像是被困在"网中"的躯壳,被千丝万缕的"管束"和"羁绊"束缚了手脚,想要逃脱,却是那么无能为力。

有人说:这一生,心太忙,等不到的,永远在骚动;等到的,永远有恃无恐。细细想来,这一生,不过是作茧自缚、庸人自扰,只等着岁月如斯,不舍昼夜之间,带走一切不曾被珍惜的时光。

有人说:我们如织布机上飞速盘织的那匹布,丝丝缕缕纠缠间,沿着世俗的套路去编织它命定的花纹;又像是机械时代流水线上的一个螺母,伴随着飞快的运转,寻找着属于自己的位置。

也有人说:我们是被上了发条的音乐盒,在时光的琴弦上弹奏着空虚的旋律;我们是被现实抽打的陀螺,在被动的旋转中平衡着摇摇欲坠的夙愿;我们是在既定的轨道上划过的行星,身不由己地按世俗设计好的方向运行……

这些带着悲壮色彩的呐喊,穿透时光的心声,喊出了这个时代的无奈。而所有的纠结,终逃不过两个字:外物。仿佛这一生,只有外物是生命的底色,失去外物,就是失去了生命的鲜活。

外物纵然重要,但若是失去了灵魂深处的闲趣,外物便失去了赖以生存的沃土。就像是内部缺水的丛林,纵然眼前密林纵横,但终有一天会水草干涸、绿意全无。

唯有在营造外物的同时,以趣味来点缀,用趣味改变万物,才是锦上添花。

所谓趣味改变外物,是善于用生活中旖旎多变的趣味,来"软化"生硬刻板的外物,使我们不得不面对的外物,染上一丝妙趣横生的色彩,人生岂不快哉?

我很欣赏《如懿传》中,那个无论身在何处,都能活出生活意趣的如懿。

冷宫的生活，本是后宫女子最悲凉的处境，可偏偏却被如懿经营得风生水起。

如懿在即将被打入冷宫之前，没有其他女子的掩面哀伤，反而不慌不忙地坐在梳妆台前精心装扮着自己。侍婢惢心站在身边，一边为她梳妆，一边忧心忡忡地为如懿戴上一副景泰蓝的护甲。

忽然，惢心想到未来凄楚的冷宫生活，于是说道："主儿，进了冷宫，就没有必要戴护甲了吧。"

如懿却淡定自若地说："虽然身在冷宫，也要活得体面。"

在冷宫的生活，如懿依然过得有趣。生活的艰辛没有磨灭她感受生命乐趣的心，在冷宫霉味飘荡的环境中，她没有蓬头垢面，也没有衣衫褴褛。她每天都会把发霉的衣服拿到阳光下晾晒，一如要晒干自己潮湿的忧愁一般。在周围废妃们疯疯癫癫的环绕中，她如一株遗世独立的幽谷兰花，着一身干净的素袍，戴一条素雅的围巾，不饰一物的鬓发清爽利落，再加上满脸岁月无恙的安详，让人越看越爱。

某次，当侍卫问及如懿需要送什么东西进来时，本以为如懿会索要一些胭脂水粉、金钗首饰之物，可是心有意趣的如懿，却恬淡清浅地莞尔一笑，说："我想要些花籽，种一些花草。"那一刻，我忽然发现，如懿才是乌烟瘴气的宫斗中，最大的赢家。

不久之后，冷宫潮湿的院落里"花香满襟怀"，生命的险境不仅没有消耗如懿的生存意志，反倒给了她更多寻找乐趣的灵思妙想。冷宫里凌霄花盛开，馥郁的香气流淌过每一个角落，淹没了那曾经久久无法散去的霉味，也照亮了如懿脸上那一抹淡淡的恬静。

如此艰难的日子，硬是被如懿演绎得坚忍而温暖，活出了意趣生辉的味道。

原来，所谓心有意趣，是可以在生命任何角落里，开出一朵花来。

我的一个朋友，为了事业可谓呕心沥血，加班熬夜是常态，长此以往，身体的透支，换来的便是健康的崩盘。

果不其然，创业三年后，他被确诊为癌症。他没有按照医生的要求卧床化疗。前半生已经在暗无天日的浑浑噩噩中度过，从来不知道岁月静好是什么滋味，用化疗来结束剩下来的时光，岂不是浪费光阴？

于是，他毅然决定放弃过度治疗，和妻子背起行囊，远离城市喧嚣，回到老家，一个山清水秀的乡村，准备在"结庐在人境，心远地自偏"的环境里，用风清月明的生活方式，度过剩余的时光。

隐居的日子里，再也没有丝竹之乱耳，也没有案牍之劳形。柴扉前的庭院里，种满了各种花草。清晨，在啾啾鸣叫的鸟语中醒来，迎着第一缕阳光，他和妻子沿着门前的池塘散步。他们手牵手漫无目的地走着，听着风在耳畔微微吹过，心思悠远，了无牵挂。而曾经创业工作时的早晨，他都是左手开车，右手打电话，忙得焦头烂额。

清晨清淡的早餐，是在悠扬的轻音乐中开始的，他和妻子坐在桌边，一边聊天，一边吃饭，感觉每一口嚼出的，都是生活的清甜意趣。而曾经工作时,他不是没时间吃早餐,就是百忙之中随意而匆忙地吃两口。

早餐结束后,他或者于庭院里掘土浇花,感受着采菊东篱的快意;抑或带着几本书,到山上,择一亭子坐下来,读一段文字。

这时,有几本书是必带的:路遥的《人生》《论语》《诗经》,以及苏东坡的诗词。修身养性,都离不开这些书里要表达的精神。

《论语》里,孔子超然物外的自在,给了他超然物外的豁达;

路遥《人生》里的反思,让他明白,人生关键处,常常只有那么几步,走对就是幸福;《诗经》里,渗透的是一种来自自然乡土间最淳朴的情怀;

而苏东坡传达的"人间有味是清欢",正是他需要的境界……

这些美好的文字,让他在物质世界与精神世界的水乳交融中,获得了前所未有的通透……

这样的生活过了两年后,他竟然奇迹般地痊愈了。

他对我说,他深信,这是生活的意趣带给他的重生。

被忙与盲的贪婪虐心,是这个时代的主题。

生活是最深奥的哲学,忙与盲,外物与现实,都是我们无法抛却的。

我们所能做的,便是在生活的河流前,一边带着热情巡视现实,一边带着闲趣遐思迩想,用"物随趣移"的生活方式,消融外物里的重重负累。

就算"忙与盲"掀起巨浪,也挡不住"物随趣移"来拜访。

第二章

在生活的苦色和灰色之间，无用的小事是第三种绝色

无用的小事是一根针,将拼命到溃烂的生活缝合

这一隅的无用闲事,无关名利浮华,无关香车美墅。所谓的无用,不就是透过世事的喧嚣纷繁,为自己留下一片怡然清欢的天空吗?

每到年底的时候,我总能在微信朋友圈里看到大多数人的心声:忙碌一年,飘零一年,剩下的,不过是一声叹息。

这个世界,确认过眼神,不过都是盯着那些被说烂了的名、利、欲,可最终,我们还是没有脱离这个不断循环的怪圈。

我的一个读者是个典型的商人,我曾以为腰缠万贯的他,有钱赚,就是生活的乐趣。

可有一天,他突然对我说,他很累,这一辈子似乎习惯了商业规则里的等价交换,于是眼前的一切都变得现实而功利。说是勤奋也好,说是拼搏也罢,他一度在追求目标的路上,根本停不下来。为了一座房子,为了一辆车子,为了一些票子,他倾尽所有,最后却换来满心荒芜。

他真的一点都不快乐。

我们都曾有过这样的时候:承受着生活不遗余力的折磨,于是,

累到无力时，情绪会在某一刻突然排山倒海，让人泪流满面。

在所有的精于算计里，我们把生活过成了一道精确的应用题，每一步算式，都是为了所谓"有用"的计算。那么，人生，会变得多么苍白，多么呆板。

如果"有用"之余，能够透进一些"无用"的光芒，生活会不会在忙碌的间隙、在无尽的闲情逸致里，温暖了流年？

那些无用之事，无关功利，只是在生活黑白色的画布上，描绘几笔鲜艳的色彩、点缀几处绮丽的花朵，让我们在熙来攘往的尘世里，于蓦然回首间，炫亮了干涩的眼眸……

我看过一期关于服装设计师马可的采访，其间马可说过的一句话，深深震撼了我，她说：无用，是她选择做到生命尽头的事。

一个那么成功的人，却那么深深地执念于生命中那些看似微不足道的、无用的事。

作为国际级服装设计师，忙碌是工作的必然。可是"感受"却是她生命中最翩然的尘世之乐。工作态度严谨的她，也是一个在苛求完美的路上不停和自己较劲的人，她设计的每一件作品，自己都会不断试穿，以确保作品在面世前每一处设计细节都妥帖舒服。斟酌作品瑕疵时，她总会让同事们把衣服穿在身上，一起切磋对比。

就是这样的她，却从不曾遗忘生活的情趣。有时，在设计室和同事们夜缝的晚上，当她疲惫时抬头之际，发现夜空如水，月亮很美，她会立即让同事放下手边的工作，大家一起笑逐颜开地簇拥着去赏月。

她喜欢生活中那些无用的事，喜欢音乐和诗词，她曾经策划过一场"躺着听"的音乐会，形式很特别：听众躺在她自己手工制作的"月光"垫子上，听着古色古香的《卜算子》词牌，感受着浮躁生活中的别致情趣，仿佛完成了某场唯美的穿越。

就是这样一个做着无用之事的她，站在了巴黎的巅峰，成为首位登上巴黎高级定制时装周的中国设计师。

就是这样一个做着无用之事的她，站在浮躁的尘世，却依然可以眼神清澈、宛若少女。那是她内心意趣生辉的光芒，炫亮了她不凡的人生。

很多读者对我说：生活那么紧迫，现实那么残酷，未来那么渺茫，哪有时间做无用的事？

也有很多读者问我：我们只知道，生命很短，需要策马扬鞭，你说要做无用的事，那什么是无用的事？

我说："无用"的事，和"有用"的事，并不矛盾，也不冲突。"无用"的事，不会妨碍"有用"的事，反倒会在"有用之事"疲惫不堪、毫无灵感时，因"无用"的出现，调剂和化解了"有用之事"的麻木枯燥，让接下来的"有用之事"，在适度的休憩之后，有了更好的出口和力量。

至于什么是无用的事，关键还需要在丰盈的精神世界里去发现和体会。

我的一位朋友是一个插画设计师。看过她的房间，我才知道，原来世间任何物件，在有趣味之人的手里，都会变成氤氲灵动的艺术品。

她是学画画的，本来初衷是做一个艺术家，每天背着画架，满身油彩地周游世界，走到某个触动灵感的地方，就住下来，画到天昏地暗。

偶然的一次机遇，她在乡下采风时，遇到一个做面点的男孩。那天，阳光很好，照在男孩的脸上，男孩微笑的侧颜被汗水微浸，他的眼前摆满了各种极富艺术造型的面点面人，看上去鲜活生动。男孩低着头拿着一团面，不紧不慢地雕画着，不久后，一团面便成了一件灵动的艺术品。

她被深深地吸引了。她感觉那些美丽的艺术品，竟然可以让她忘记红尘烦忧，于是，生性自由不羁的她，决定在画画之余学习做面点。

也因为对面点的喜爱，她和男孩成了心有默契的情侣。

他们的家里，有一个很大的房间，专门用来放置各种画作、面点、手工艺品，以及裁缝所用的工具。每当繁忙的工作尘埃落定后，他们会抛开红尘烦忧，将自己置身于这个满是艺术品的房间。艺术是相通的，绘画和面点，都需要构图色彩和造型。于是，他们会根据脑海中蓄积的灵感，绘制一幅抽象画，再以此画为蓝本，将画面中的灵感，融入面点的制作中。

很多时候，他们会把一天的时间，都用来做这些看似无用的事。她作画，他在一边调制颜料，画到精彩处时，他为了鼓励她，偷偷蘸着油彩在她的脸上点画，她惊骇不已，佯装生气地与他满屋子追逐打闹。

累到气喘吁吁时，两人便坐下来，他开始为面点做造型，她在一边设计图案。眼看着巧夺天工的作品即将完成，他们高兴地对着彼此挥洒着手中的面粉。面粉如雪花般纷纷飘落，他们朗朗的笑声，在妙趣横生的快乐生活里久久回荡……

当然，他们也喜欢在某个假期的午后，坐在窗前，一起做一件手工艺品。她绣她的图案，他裁他的布料。窗外云蒸霞蔚，鸟语花香；屋内茶香缭绕，时光静好。那是生命深处，无限趣味里，蔓延而生的让人心动的美感。

无独有偶的是，他们闲暇之余设计的这些画作和面点，居然在国外的展览上获得了荣誉极高的奖项。

生活总是在随意之处，才会滋生出最生动自然的创作。就是这些无用时光里的无用之事，给了他们意外的惊喜。

我记得她跟我说，她的初心，并不是为了什么奖项，她只是想为繁忙枯燥的生活，注入一些妙趣，这就是她想要的幸福时光。

这一隅的几般无用闲事，无关名利浮华，无关香车美墅。所谓的无用，不就是透过世事的喧嚣纷繁，为自己留下一片怡然清欢的天空吗？

因为，无用的小事是一根针，可以将拼命到溃烂的生活一点点缝合……

无用的"静谧"是柔软的剑,刎住时光凌乱的"喉"

我们做着无用之事,眼神变得清澈而通透,灵魂亦变得灵动而清雅。于是,我们可以再次以不染尘埃的轻盈,继续上路,在无用之处的静谧里,看清浅而温热的时光。

我记得曾经读过作家闫红的一篇文章《阅读能解决我所有的问题》,文章里讲到了她两个舅爷的故事。在那个年代,两人生活艰辛,一辈子没有娶亲,相依为命。老大精明要强,老二看上去随性不羁。

大舅爷里里外外都是一把能手,农活干得有模有样,做过买卖,不仅烧得一手好菜,还在城里打过工。因此,大舅爷在村里一直被大家看作体面人。可不知道为什么,就是这样一个体面人,却总是活得不开心。

小舅爷呢,农活做得倒也不错,收成也不差。只是他每天不慌不忙、云淡风轻的,脸上总是挂着怡然自得的微笑。

直到有一次,她在小舅爷的房间里发现了很多书:《三国演义》《水浒传》《红楼梦》《岳飞传》等,这些书被保存得干净整洁。在那个还没有电灯的年代,小舅爷就是在那盏昏黄的煤油灯下,带着别人眼里看似无用的兴趣，在书的世界里，寻找着属于自己的静谧清浅的时光。

有好几次，要强的大舅爷训斥小舅爷不珍惜时间做点有用的事，专在这些无用的事上浪费光阴。小舅爷只是笑笑，依然沉浸在文字的世界里，品尝着那个艰辛年代里独有的甘甜滋味。

她说，自己曾经以为大舅爷活着的样子，是最体面的。可渐渐才明白，二舅爷能在那个艰辛匮乏的年代里，找到慰藉心灵的精神宝库，才是真正的美好。

就像我们这个时代，周围喧嚣繁杂，人人都在忙碌中纷沓而过，翘首望着远方。那些迟迟不肯眷顾的梦想，那些倾尽全力却无法触及的未来，等得令人绝望。

此刻，唯有那个能在人们呼啸而过的时刻里静心做一些无用之事的人，才能在自己的节奏里，舒缓了焦躁，也温热了时光。

庄子说过："夫有土者，有大物也。有大物者，不可以物。物而不物，故能物物。明乎物物者之非物也。"

这句话的意思是：人们追求的物质，不过就是土地、权力、财富，这也是欲望膨胀的根源，真正懂得生活的人，都不为外物所控制，而应该是"物而不物"，主宰物而不为物所主宰，主宰功利而不被功利主宰，这就是"故能物物"的最高境界。

所以，人只有做到"物物"的同时，摆脱物的桎梏，才能实现心灵的恬静，实现人生的悠然。

那么如何才能在喧嚣的世事中，觅得一方心灵的净土，达到物物而不物于物的境界呢？

庄子认为，我们需要一种做缓冲的生活能力，和反其道而行之的思维。别人追求多，我们就追求少，因为少，才能慢慢蓄势待发。水满则溢，月满则亏，多，反而会消损精华。

别人追求有用，我们就追求无用。因为有用，只是生活的一部分，而且是最激烈的一部分，只适合关键时刻的爆发力，长久的有用，也会消磨人的能量。而无用的空间，可以修身养性、休养生息、韬光养晦，以备来日之需。

别人追求良田广厦，我们则追求心灵自由，因为世事纷扰无非"名利"二字，而唯有灵魂的静谧淡雅，才是逍遥之境。

我有个闺密，平时是一个特别要强的人，凡事都要亲力亲为，以求做到最好，做到极致。正是因为这样的性格，工作没几年就晋升为主管。

可是只有我知道，这个平时在人前知性干练的女孩，会做一件在我们常人看来，特别无用又无聊的事：折千纸鹤。

那是她上学时的爱好。那个时候，几乎所有的女孩，都会在繁忙的学习之余，折千纸鹤。买一个淡雅可爱的玻璃瓶，把折好的纸鹤放进去，看着每天叠好的彩色纸鹤，飘落在瓶子里，一天天塞满瓶子，心情也会一天天变得愉快而轻盈。

工作后，忙碌的生活淹没了曾经的快乐，紧张的工作磨蚀了简单的美好。于是，有一段时间，为了职位的晋升，她患上厌食症。

在医院治疗的时候，闲来无事，她开始重拾年少时的美好，每天都会折几对纸鹤，放在玻璃瓶里。看着五彩缤纷的纸鹤，她忽然找到了遗失良久的快乐。

从此，她便在这件无用的事上，乐此不疲。

刚开始连我都不理解，因为这种看似幼稚的无用之事，既不能升职加薪，也不能开拓眼界，更不可能增长见识，累积人脉。但很多年以来，她一直保持着这个简单的爱好，她家里摆满了装着纸鹤的玻璃瓶，她说那是她幸福的据点。

她告诉我，她之所以如此痴迷于这件看似无用的事，是因为在压力无处宣泄的工作之余，这一点小小的爱好，能让她在无用之处的静谧里，看清浅而温热的时光。

她说，折在娱，而不在用。

因为每当她一个人坐在夜晚的窗前，微风自窗外飘入，看着夜空繁星点点，闻着栀子花香，手握彩纸，没人打扰，也不喧闹，一点点折纸鹤时，心无旁骛，会让心在静谧中找到安放的驻脚。

长期处于紧张忙碌的生活节奏，而无用之处这一点小小的乐趣，却让她的身心得到最大程度的解放。

没错，太功利的生活，让我们的快乐在沉沉的欲望里，变得阑珊而遥远。

我们试图把生活的每个细节，都过得有意义。可是当手握物质的温度时，精神生活却冰冷彻骨；当脚步在熙熙攘攘中变得凌乱时，灵魂却失去了静谧的力量。

没有了温暖和静谧的时光，曾经的初心，也会变得风雨飘摇。

很多读者问我，我去哪里找那些无用的事？

其实，无用事，就在身边，近得触手可及。

比如：我在上班路上匆匆而过时，看过清晨的云霞，在淡淡的清雾氤氲里飘散而出，那抹微红的色彩，由丝丝点点，变成团团簇簇，最后，渲染了整片天空。那一刻，我在自然的神奇力量前，内心忽然变得沉静而清澈。

比如：我在一天焦头烂额的工作后，在下班的路上，在突如其来的雨中，撑着伞走过人潮汹涌的街头。我忽然放慢脚步，第一次以那么静谧的心，看着眼前的雨景。纤细的雨丝，如珠帘般笼罩在眼前，点点滴滴都像是一个个晶莹剔透的梦。伞下的我，用欣喜的心境体验着繁忙生活中难得的休憩时光。

比如：我在一次失败的痛苦后，于一个人独处的时光里，爬上山顶，欣赏过秋季里层林尽染的胜景。金黄色的枫叶，在清风中摇曳，在枝头翩跹起舞，温暖的秋阳里，炫目成油画般的斑驳光影。阳光透过枝叶的缝隙，如星星般在调皮的跃动里洒落快乐的音符。那一刻，我的心，也在光影与树影的闪烁下，快乐地跳跃着。

比如：我在一次痛彻心扉的失意后，于白雪皑皑的冬日，带着无从宣泄的压力坐在窗前，看天地寒霜。"窗含西岭千秋雪，门泊东吴万里船"，诗情画意在脑海里闪现的时候，美好的感觉也舒朗了心扉。思接千载，视通万里，心胸忽然变得开阔，诗意冰封了一切的悲伤，白雪覆盖了一切的焦灼，整个心灵，宛如重生，干净而又舒朗。

就是这些简单而无用的事，帮助我们一次次理清心头那些被世事纷扰搅乱的思绪，一次次浇灭灵魂深处那些被俗世欲望点燃的杂念。

我们做着无用之事，眼神变得清澈而通透，灵魂变得灵动而清雅。于是，我们可以再次以不染尘埃的轻盈，继续上路。

我们做着无用之事，在无用之处的静谧里，看清浅而温热的时光。因为，无用的"静谧"是柔软的剑，刿住时光凌乱的"喉"，让我们可以再次回到初心的起点，给自己一个重生的启程。

多好，无用的时光。

"奴心"至深，毒极必伤，"无用"是复生解药

这些无用琐事，是生命在错综复杂的间隙里，拨开混浊阴雨，看到的一丝清明；也是灵魂在疲惫迷茫时，重新梳理与振作后，铮铮上路的豪气。

记得几年前我写过一本书，叫《别让心太累》。在新书签售会上，有两件事给了我很大的触动：第一，在讲述新书创作历程时，我环视台下的读者，在一些读者疲惫的眼神里，我读到了生活的艰辛和无奈；第二，读者交流到的最多的话题就是，我为什么总是活得紧张烦躁、焦虑不安、忧心忡忡、患得患失？

我说，所有的症结，终不过是"奴心"二字罢了。

"奴心"，说尽了这个世界里，名缰利锁羁绊下的自由囚困。

就如我多年前采访过的一个商界名流。当年为了创业，他殚精竭虑，妻子受不了常年见不到丈夫的孤寂，离婚后带着孩子远赴海外。他的身边没有亲人，除了工作，便是冷清的生活，日子过得了然无趣。

可意外总是不期而至，几年后，他宣告破产。苦心孤诣那么多年，

最后一切都化为乌有。人生如梦，世事如影，在他身上体现得淋漓尽致。

他说，为了创业，他倾尽全力，本以为会换来美好的生活，可是，疯狂的工作让他忘记了生活本该有的趣味。他几乎没有感受过生活乐趣带来的惊喜，从来没有享受过和家人在一起的天伦之乐，俨然把自己变成了一个不苟言笑的工作机器，木讷而机械。

本以为埋头奋斗，就会不断累积阅历。可是无数个繁忙的叠加，纷乱如麻地浑浊了他的内心，剥蚀了他曾经清晰的初心。他越来越看不清前路，越来越浮躁不安，而无数个浮躁不安，又让他更深地迷失了方向……

他陷入了反复纠缠的恶性循环，直到再也找不到归路。他说，奴心红尘里，他迷失了自己。

破产后，他没有马上着手东山再起。他说，这些年，他活得太束手束脚，他要把许久以来遗失的生活乐趣都找回来。

于是，他开始重拾曾经的爱好，书法垂钓、养花种草、渔舟唱晚……世事浮沉皆不挂心，满心都是安闲自得。

一次游历中，他偶然结识爱好书法的同道中人，两人结为至交。几年后，在这位好友的提议下，加之颐养心性的阅历，两人创建了一家艺术培训中心，生意日渐兴盛。

从奴心天涯，到意趣人生，经过两种不同的生活状态，他终于找到了心灵的归途。

生活就是这样，你越有执念，越是求而不得；越是洒脱，越是不求则得。

因为，太过沉溺于"奴心"，会让心因为囚困而迟滞，会让思维因为纷扰而浑浊。

唯有携一缕无用的情致，才能在自由舒心里，看清世事。

庄子说：无用之用，方为大用。

世间清欢之事，都是从有用之余的"无用"时光里品读而生的。而这些无用，却恰如乱花迷人眼处的一丝洞悉，让我们在琐事烦心之余，看清正确的心态，和正确的出口。

就像在物欲横流的世间，谈一场不以利益衡量的爱情，终会收获幸福；就像匆忙赶路的烟雨红尘里，暂时放下所有追逐的执念，醉无用之酒，品无用之茶，写无用之诗，读无用之书，为无用之事……

也许某一天，终在无用的过程中，于幡然感悟的心境中，找到郁结心情的出口，找到曾经痛苦的根源，找到过往难题的答案，找到幽暗困境的光源……也因此，找到有用之事真正的方向；也更因此，活得有滋有味。

亲戚家的孩子从小养尊处优，大学毕业后进入一家外企工作。

涉世之初的新人都要从底层做起，公司安排她开始三个月的试用期实习，每天的工作只有打印各种文件、端茶倒水等杂活。

一向傲气的她，对此非常不满意，总觉得自己毕业于名牌大学，本应该从事风风光光的工作，打杂这种无用的小事，应该由保洁来做。

我反问她："你觉得什么才是有用的呢？"她的回答果然不出我所料：重大的决策，重要的工作。

我对她说：相信我，只要你先把这些无用的事做好，在无用的事中磨炼好自己，培养最起码的工作态度，总有一天，你会看清有用的事该怎么做。

于是，她开始在无用的事上用心，把无用的事做得有模有样，把无用的事做得有条不紊。更重要的是，这些无用之事给了她更多思考的空间，让她沉下心来，梳理清将来可为"有用之事"的生活态度。

不出我所料，试用期满后，领导非常看重她，给了她很多重要的工作机会。

做无用之事，是为了看清有用之事。当你携一缕无用看清世事时，你就已经拥有了驾驭生活的能力。

陶渊明最喜欢的生活有三样：采菊东篱下，把酒黄昏后，时还读我书。

在《朗读者》这一电视节目上，我们都见识过主持人董卿出口成章的才华，这些鲜活灵动的生活感受，都源于生活中她对于"无用时光"的理解。董卿曾经在院里种了满树繁花，每当为工作奔忙到心力交瘁时，她就会坐在树下，细看花开花落。看着看着，有时会忽然顿悟到很多繁忙时无心细想的问题；想着想着，会蓦然间豁然开朗，想清了很多不曾明晰的问题，也理清了很多无法理清的纷乱。

很多人问她，你无所事事地坐在树下发呆，会不会浪费了有用的时光。

董卿说，在无用的时光里，看清世事，就是给有用的时光铺垫出更灿烂的前路。

很多人不信，于是她认真地说："我对未来有很多憧憬，也有很多努力的目标，但是，无论多忙多累，我依然不会忘记做一个有趣的人、做一些无用却美好的事情，我还要告诉我的亲人朋友，我们都应该这样活着，努力在奴心的世间过有趣的人生。"

董卿说过，她很喜欢茶艺，在品茶时，她会放空心绪，看清冽的水，与碧绿如浮萍的茶叶，在冲泡的一瞬间完美交融，彼此跃动，小酌一口，品的是茶叶背后承载的文化，感受的是心烦意乱时那份醇香清冽的静谧。

她也热爱厨艺，她认为烟火气的煎炒烹炸，可以让生活的无奈随着烟火气一起升腾而消散，可以放逐所有不悦的心事，所以，每当心情不好的时候，她都会为家人烹制一份爱意满满的晚餐，那时候她感觉自己被浓浓的烟火气包围着，足以抵御世间一切纷扰。

她喜欢阅读，她愿意在一纸书香间，将身心交付于故事中的人物，看别人的故事与自己的人生，在惺惺相惜的文字间彼此抚慰。

她还会在某个冬日，躺在温暖的床上看雪花飘落，她觉得那洋洋洒洒的漫天冰清玉洁，在覆盖世间万千尘埃的同时，也覆盖了她内心此起彼伏的心事繁杂，那一刻，这纷乱浮躁的世间带给她的困惑，忽然变得无足轻重了，她内心也开始向往纯澈而不慌不忙的生活态度。

就像一位在职场上叱咤风云的女企业家说过的一句话：你可以在蝇营狗苟、明争暗斗的职场独木桥上，停下脚步侧过身，管他身边的人熙来攘往互不相让，你只去欣赏路边飘过的柳絮，看着它们自由无羁地飞过天地间。这种漫看云卷云舒的心境，总会让你在不经意间找回自己明晰的初心，让自己的灵魂在疲惫迷茫时重新梳理与振作，继续带着铮铮豪气上路。

所以，不妨缩减那些填满生活细节的看似有用的事情，留一点空隙，品一杯茗，做一道菜，看一片雪，读一卷书，感受慎独的心境。就像一朵云，自然地漫游在天空，不问来路，不问归处，只是看一些无用的景，做一些无用的事，花一些无用的时间。看似毫无远见，却终究会在日积月累的变化中，因为闲来思物的滋润，丰满了灵魂。

这些琐事，并不能立竿见影地让我们看到所谓的成果，可是携带着这些淡淡的无用走过喧嚣的世间，做有用之事的思路和精气神，也会越来越丰厚。

那是生命在错综复杂的间隙里，拨开混浊阴雨，看到的一丝清明。那也是灵魂在疲惫迷茫时，重新梳理与振作后铮铮上路的豪气。

无用是韬光养晦的发酵，成全无心插柳的优秀

很多时候，那些无用之事并不能立竿见影，但它们能在韬光养晦的发酵里，慢慢酝酿成一股潜在的力量，蓄势待发之际，让我们找到更擅长的方式、更适合的人生，直到成全无心插柳的优秀。

"我想学画画。"

"这有什么用，能带来经济效益吗？"

"我就是喜欢旅游。"

"旅游有什么用，能当饭吃吗？"

"我想学习插花。"

"那有什么用？能赚到钱吗？"

我们总会听到很多将无用之事打击得一文不值的话，仿佛花时间和精力在一些无用的事上面，就是荒废时光。仿佛只有"有用"，才是将事物的价值"物尽其用"的最好方式。

上学的时候，埋头苦读是唯一的王道，考试是唯一的法宝，成绩是唯一的标准，除了学习，仿佛其他"无用"的事都是荒废学业。毕业以后，高薪的工作、体面的职位、晋升的机会，成了职业生涯里奋

斗的全部意义，除了工作，仿佛其他一切消遣都是对生命的亵渎。

从明白生存的意义开始，我们就在"有没有用"里权衡着生命中每一件事情的价值。我们所遇到的一切人事物，都被人们固有的思维模式，习惯性地划分为"有用"和"无用"两个对立面。

学技能是有用的，玩游戏是没用的；埋头苦干是有用的，养马种花是没用的；奋斗不息是有用的，闲庭信步是没用的。

只有立竿见影的功名利禄才是王道，如果不能"在最短的时间内看到最有成效的结果"，如果不能把"最期待的目标在最合适的时间内完成"，如果没有"马上变废为宝的能力"，那么，我们更没有资格拿"无用"来消遣自己的人生。

我的一个朋友是一位老师，她的教学方式很是与众不同。

她带的班上曾经有一个成绩后进生，很多学科的老师都为之头疼，唯有她不以为然。

孩子的家长尤为着急，经常问她自己应该怎么引导孩子学习，平时需要给孩子看什么样的书有助于提高学习成绩。

她却推荐家长引导孩子看一些与学习无关的书，比如游记、人物传记、成功学等。

她还经常鼓励这个后进生去做一些与平时的学习无关的事情：比如游戏开发、运动、爬山、画画、看艺术展、看歌舞剧、看电影、听音乐、做义工……

她也会鼓励孩子照顾流浪狗、帮助那些需要关怀的人、与亲人朋友和睦相处、在旅途中做一些有意义的事情，甚至微小到给照顾自己的人一个温暖的拥抱、坐公交的时候给老人让个座……

看上去都是一些不会直接为学习成绩带来任何实际效益的事情，可是三个月后，这个后进生因为一篇真实感人的游记，登上了年度最感人校园作文的榜首；四个月后，孩子的数学成绩有了突飞猛进的提高，那是因为在一次做义工时，一位极具数学天分却没有能力上学的贫困生的故事，深深触动了他的心灵，于是便有了自省努力的成果；半年后，这个孩子的英语考试从倒数第一直接杀进前十强，那是因为看了许多英文歌剧后，英语水平自然累积而成的结果。

看着自己的教学成果，她骄傲地说：无用是韬光养晦的发酵，必会成全无心插柳的优秀。

这个社会，似乎很推崇"有用则行之，无用则厌之"的生活方式。

实用主义，已成为长在我们灵魂里的花朵，仿佛只要深植于心，就一定能开花结果。仿佛只有趁着年华正好，才有更多奋不顾身的精力上路，才能用丰厚的物质财富，和卓越的工作能力，体现不负光阴不负己的魄力。而那些无用的事情，不过是生活的附属品罢了，以后自有闲暇的时间。

可时光是最好的见证，走过少年读书时、青年打拼时、中年养家时，剩下的时光，已是风华不再，纵有千种意趣在心中，却已没有余力再细品其中味。

很多时候，那些无用的事的确不能立刻卓效不凡，但它们能在韬光养晦的发酵里，慢慢酝酿成一股潜在的力量，蓄势待发之际，必能让我们在更了解自己的时候，找到更擅长的方式、更适合的人生。直到成全无心插柳的优秀。

我的一个同学，从小学时代起就喜欢音乐。别人的课桌上摆满了各种学习书籍，唯有她的课桌上空空如也，却非常醒目地被她画上了一组钢琴键盘。无论课上课下，她总是对着那一排发不出任何乐音的键盘，自得其乐地弹奏着。起初，老师们很生气，后来也就见怪不怪了。

这个大家眼里做着"无用之事"的怪人，在同学们都忙着备战高考的时候，依然忙着把玩自己的"乐器"。

最后，老师直接告知家长，她如果继续这样下去，不但和大学无缘，还会自毁一生。于是，父母为了她的前程，把她身边所有和音乐有关的东西都没收了。

但是为音乐着魔的她，心中的狂热已不是外力能阻止的了，高考的课程完全无法入心，耳畔心头回响的永远是此起彼伏的乐音。最后，成绩惨淡的她只上了一个普通二本。

早在意料之中的老师放话了：对于一个不在"有用的事"上下功夫的人，对于一个只在"无用的事"上荒废光阴的人，这辈子也就这样了。

于是，她成了大家眼里那个永远都不会有未来的人。

在大学里，没有了约束的她自然也有了更多玩儿音乐的机会。天赋使然，她无师自通。起初她只是弹弹吉他，偶尔在同学们面前炫耀一下自己的音乐才能，这倒也吸引了不少学校的粉丝。

渐渐地，初有名气的她在学校里结识了一些爱好音乐的朋友，他们经常三五成群地聚在一起探讨音乐，时不时自弹自唱，来一场音乐会。后来，他们一起组了一个乐团，只要学校有活动的地方，就会有他们登台演出的身影。

可是，在别人的眼里，不好好学习，没有扎实的专业基础，天天玩儿音乐，只有这些无用的"技能"，将来要是进了社会，注定是要被淘汰的。

有些人好奇地问她，天天这样玩儿音乐，有钱赚吗？她很清楚，赚钱并不是她的初衷，这都是出于兴趣爱好，如果想要打造出有自己风格的乐队，可能还得自掏腰包。

但是，她还是义无反顾地爱着音乐。那些不理解的眼光和声音，她真的不在乎，就像对老师曾经的鄙夷不予理会一样，她依旧继续着这些所谓的"无用"的事情。她知道，她只是希望在这件大家都认为"无用"的爱好里，找到生活的幸福感和方向感。

后来，为了让更多的人认识她的音乐，她带着自己的乐队走出校园，以自娱自乐的形式在街头巷尾弹唱。他们所到之处，美妙的音乐必会吸引很多路人驻足观赏。很快,她的粉丝也慢慢多了起来,当然了,就算是这个时候,人们还是会质疑:做这些有什么用?能当饭吃吗?

某次,乐队的一场直播被一位唱片公司的老板看到,这位老板极其赏识她的音乐才能。于是直接找到她,希望她可以加入唱片公司,在正规的团队包装下出唱片。她喜出望外,多年的坚持终于有了拨云见日的一天。

她在进入唱片公司后出的第一张唱片,便收获了很不错的市场反响,唱片大卖。于是深谙她音乐前景的老板决定送她出国深造,不久后她远赴美国,进入某知名音乐学院学习。三年后学成归来,她摇身一变成了知名音乐人。

听说了她的故事之后,很多人都说,天哪,这就是一个普通人逆袭的故事吗,真的太厉害了。她跟我说,其实,她从来没想过要逆袭,她只是勇敢地在别人不理解的目光中,做着那些别人看来"无用"的事。如今人们口中所谓的逆袭,都是由当初那些看似没有前途的小事中累积来的。

正是这些"无用"里韬光养晦的发酵,才成全了她无心插柳的优秀。

我看过梁文道写的一段话:读无用之书,做无用之事,花无用之时,都是为了在一切繁重的世事之外,保留一个超越自己的机会,后来，人生中一些很了不起的变化，就是来自曾经那些无用的时刻。

人活到最后，你会发现，无用比有用更有生命的力量。所有的"无用"，都是为"有用"酝酿和累积更多的潜质。

正因这些无用之事，我们才从禁锢的心灵中，走向灵魂的自由，才有了更多思考和顿悟。也正因这些无用之事，我们才从生存的逼仄空间，走向人性的本真，我们的心灵，才变得更加从容旷达。

第三章

岁月很长，人间很忙，
我在中间踩着云朵贩卖乐趣

就算昨夜雨疏风骤,我也要用时间煮雨,岁月缝花

生活中有很多无法预知的"昨夜雨疏风骤",一觉醒来,是感叹绿肥红瘦,还是笑闻"春雨润如酥",决定了一个人生活的意趣和品质。你说你不愿种花,你不愿看到它一点点变得"红稀香少"。可是,为了避免结束,你也错过了一切有趣的开始和过程,不是吗?

李清照在《如梦令》里写道:"昨夜雨疏风骤,浓睡不消残酒。试问卷帘人,却道海棠依旧。知否,知否,应是绿肥红瘦。"

初读时,我总觉得词中洋溢着的,满是词人的惜花悯物之情。可后来细细品读,我才发现,这首诗的写作时间是在李清照和丈夫离别后,因此她满怀不舍的内心里,隐含着睹物思人、感叹春意阑珊的心绪。

所以,惜物的背后,其实是词人内心深处对逝去之物的眷恋和不舍。

其实,对美好事物的留恋是人之常情。只是,感叹春花易逝,难免内心失落;不如坦然笑看一切世事变迁,才能在每一处或好或坏的境遇里,找到生活的精彩。

我的一个朋友是心理医生,她说在她接诊的无数患者里,都有一个通病:在困境中执念于悲伤,总觉得困境是深渊而非救赎。

她说,这是一个人丧失生活乐趣的最大心魔,人生漫漫,困苦亦多,如果因为悲伤而埋没了生活的兴致,那么生活就真的变得暗淡无光了。

每当与患者面对面坐在一起时,她总会先习惯性地问一个俗套的问题:这世间谁是最幸福的人?大多数人都认为除了自己,别人都是幸福的。而当她问到谁是最痛苦的那个人时,很多人又都会认为是自己。

其实,在成为心理医生前,她也曾经是芸芸众生中一个有着同样想法的人,她也曾在失意时质疑自己的不幸,抱怨命运的不公,觉得自己一无是处。

直到有一天,一件生活中看似微不足道的事情,改变了她的想法。

那天,跟前夫离婚后,她带着沉痛的心情走过公园的小径,看着一个个幸福的家庭,带着欢声笑语从眼前走过,她忽然有了一种遗世孤立的悲凉感。那一刻,眼泪瞬间模糊了双眼……

就在她无意间抬起头的那一刻,她看到一个失去一条腿的女孩,撑着拐杖走在花丛边的小路上。原本行走不方便的女孩,被脚下的石头绊了一下,一个趔趄便摔倒在地,整个身子淹没在花丛中。

本以为女孩会伤心地掩面而泣,可是,她分明看到女孩带着平静的微笑,撑着拐杖晃晃悠悠地站起来。站稳后,女孩没有第一时间拍掉身上的土，而是隆起双手放到鼻边，带着欣喜俏皮的笑容，半闭着眼睛惬意地轻嗅着。

旁边一个小男孩好奇地走上前，问道，姐姐："你不疼吗？为什么还能笑得那么开心？"

女孩说："疼，但是摔倒的那一瞬间我闻到了花香，站起来的时候我又闻到了满手泥土香，所以，我觉得偶尔摔一跤也是一件很有趣的事……"

女孩的话，像是一缕带着魔力的馨香，在空气中慢慢飘荡到她的心里。她蓦然间意识到，曾经那些被生活的风雨囚困的愁绪，除了使自己的生活雪上加霜，毫无意义。

从此，她便开始蜕变。她说，如果能在生活的雨疏风骤里，不再感叹香消玉殒、春水东流，而是顺应境遇，在风起云涌的刹那静观其变，那么，自己就一定能够以旷达的心境"笑闻绿肥红瘦"，把注意力转移到那些开心快乐的事情上，从而把眼前的失意演绎成另一种乐趣。

真可谓心念一转，世界皆变。她的世界的确变了，后来她成了心理医生，在自己的故事里，带着更多的人走出心灵的困境，发现生活风雨处的无限意趣。她不仅救赎了自己，也照亮了别人。

我曾经在网上看到过一组图片，看完后整个人都被震惊了。

一对夫妻遭遇了一场突如其来的车祸，车在急刹中旋转翻倒，一道道血迹从倾倒的车窗渗出，丈夫从车门中探出头来，用力地挣扎着准备站起来。

车内，他的妻子还在惊魂未定地躺着，不过这时候丈夫已经查看了妻子的状况，发现她除了轻微擦伤，并没有大碍，只是瞬间到来的惊吓让她有些措手不及。很快，夫妻俩都慢慢从惊慌中镇定了下来，互相搀扶着从车里爬了出来。

看着倒在地上残破不堪的爱车，他们没有扼腕叹息，也没有彼此抱怨，而是带着劫后重生的欣喜走到自己的车头前，举起手机，来了张纪念性的自拍。

妻子的表情已经全然没有了惊恐之意，泛起笑意的梨涡里盛满欣慰的喜悦，丈夫还调皮地眯着眼睛摆出了剪刀手。

初看此景以为是在拍电视剧，实则是现实中发生的真实一幕。事后问及夫妻俩当时惊人举动背后内心真实的想法，两人激动地说，既然意外已经发生，伤春悲秋已是于事无补，而能安然无恙地从车祸中幸存下来，本身就是一种幸运，逢凶化吉捡回来一条命，难道不是一件值得纪念和庆祝的事情吗？

原来，我们需要的就是这样一种无畏世事风雨的格局，格局有多大，世界就有多大。

只是生活中的我们，平时都会说世事无常，要坦然接受，而当无常真正到来的时候，又总会身不由己，失意落寞，为眼前的难题而无奈，觉得没有了明天。

生活中有很多无法预知的"昨夜雨疏风骤"，一觉醒来，是感叹绿肥红瘦，还是笑闻"春雨润如酥"，决定了一个人生活的意趣和品质。很多时候，你不愿意种花，你说，你不愿看到它一点点变得"红稀香少"。可是，为了避免结束，你也错过了一切有趣的开始和过程，不是吗？

无独有偶，我一个读者的生活中也曾发生过这样的事情。

某次，就职于图书公司的她，因为年底赶进度，加班到深夜十一点。下班后赶到地铁站，错过末班车，又遇上下雨，她站在紧锁的地铁站口，一时之间不知所措。

后来，为了省钱不愿打车的她，干脆骑着共享单车飞奔回家。路过一个路口，因为天黑雾大，一不留神撞在马路墩子上，人仰马翻之际，包里的笔记本电脑被甩了出去，瞬间裂成两半。

但是，她接下来的举动，刷新了我的三观。

这家伙拿起手机，抱着破碎的电脑，揉着摔疼的大腿，咧着嘴拍了一张自拍。后来，她对我说，她只是觉得电脑都报废了，所幸人没事儿，劫后余生本身就是最大的幸运，所以一定要用手机记录下生命中这珍贵的一刻，以此来纪念不幸中的万幸。

于是，她在朋友圈写下了这样一句话：宠辱不惊，看身前电脑报废；去留无意，望身后坏运随风。前路漫漫亦灿灿，愿今天所有的遗憾，都是下一场惊喜的铺垫。

这心态，让人折服！

在古人的诗词中吟诵的"花自飘零水自流"里，我们总能嗅到一丝怅然的意味。尤其是在感叹秋光易逝，草木凋零时，仿佛时光带走的不只是落叶，还有欢乐的意趣。

但是看《玉簪记》里的书生潘必正。某次，他在深秋时分躺在床上，忽然闻听屋外残叶纷飞，于是他披衣而出，坐在满天繁星下，欣喜地细数落英缤纷。人生的美好易逝，也在这一份雅然的闲趣里，变得温暖而美好。

落红不是无情物，这落红的美，还在于人心的意趣生辉。

就算昨夜雨疏风骤，我也要用时间煮雨岁月缝花，这是何等旷达的心境。在这样的心境映衬下，所有的昨夜雨疏风骤，也不过是明天无畏绿肥红瘦的铺垫。

浮光掠影匆匆，抬头看天上就是光

抬起头，只是一瞬间的停顿，心便有了不同的顿悟。那是侧畔千帆过尽时，卸下重重负荷，在轻盈而诙谐的心境中，去发现生命的美好情致。

一路走来，我们看过风，看过雨，看过浮世，看过繁华，看过物欲，看过名利，看过荣宠，看过虚名……我们一直低着头，在自己构想的美好人生里，在脑海中无数遍耕种过的未来蓝图里，描绘着一直以来想要的生活模样。

行色匆匆间，身边所有的美好，成了一闪而过的浮光掠影，被我们如风的脚步抛诸脑后。

我们在熙熙攘攘的人流心海里，忘记了抬起头，看一朵变幻成不同形状的云彩，在风中慢慢飘荡，惬意地舒展着肢体；忘记了抬起头，看一排排大雁，一会儿排成"一"字，一会儿排成"人"字，在有序的队列中寻找回家的方向；忘记了抬起头，看一片片翻飞的树叶，缠绵成几许相思，不忍离开树的怀抱；忘记了抬起头，看一片片雪花，在天空静静缤纷，温暖了整个冷冽的冬日；忘记了抬起头，看一滴滴雨丝，连成晶莹剔透的水线，在空中迷蒙成雾，浪漫了整个夏夜；忘记了抬起头，看一弯新月如钩，如一叶轻舟停泊在湛蓝如水的夜空……

只是一抬头，生活便有了另一种仰望的维度。而正是这个小小的维度，让我们的生活多了一丝繁忙喧嚣下的情致。

我在读者群里做过一项调查，主题是：你有多久没有抬头看这个世界的美好了？

有的读者说：昨日傍晚下班后，我一如既往开车穿梭在人流中。堵车心急如焚之际，抬头望向天空，突然发现夕阳西下的天空中，晚霞异常美丽，犹如画纸中渲染的水彩画。我瞬间被这种美感染，不禁忘记了工作的烦恼。恍然间，我已经想不起来，上一次发现大自然中美好的景象是什么时候了。

有的读者说：现今，随着物质需求的急速增大，人们对于生活质量的要求也越来越高，更多的时候我们都沉浸在获取丰厚物质的路上，忘记了关注身边的美好，忘记了奔波之余，坐看兴之所至的精彩。有时就算发现了美好的事物，也不过如蜻蜓点水般瞥一眼，便继续赶路。你会发现，对于身边美好的事物，你关注得越来越少了。

有的读者说：不是不愿意抬头，只是压力耗尽了抬头的力量。我觉得现在最美好的事情，就是回忆那些儿时的乐趣。还记得小时候和小伙伴们在一起，放学后三五成群地在楼下嬉戏打闹，捉迷藏，过家家，跳皮筋；玩到乐此不疲时，抬起头听着耳边传来各家父母呼喊孩子回家吃饭的声音，那声音此起彼伏，在我们奔跑飞腾带起的尘土里回荡，回想起来，满心美好。

有的读者说：你会发现现在的大城市，尤其是一线城市，人们总是低着头走路，或神色凝重，或眉头紧锁，或一脸茫然，行色匆匆间沉浸在自己的心事里，漠视着身边的一切。他们看不到一朵花从眼前飘落，看不到一个孩子在风中嬉笑奔跑，看不到路边摇着蒲扇的老人茶余饭后的东拉西扯。真没劲，这样的世界……

是的，我们这个时代的人，在行色匆匆的浮光掠影里，忘记了，那一抬头的惊喜。

唐朝诗人王维心仪陶渊明的风范已久，于是作诗云："渡头余落日，墟里上孤烟。复值接舆醉，狂歌五柳前。"

这里"狂歌五柳前"的人物原型，就是陶渊明。

陶渊明在自传文《五柳先生传》里写道："先生不知何许人也，亦不详其姓字，宅边有五柳树，因以为号焉。"

当我们还在为名利，低头在行色匆匆的浮光掠影里追逐不休时，穿越千年，遥望曾经生活在这片土地上的陶渊明。他淡泊名利，如浮世逸草一般，用住宅边的五棵柳树为自己取名。

他远离世事喧嚣，安静寡言，也不羡慕荣华利禄。他喜欢读书，每当对书中内容有所领悟的时候，他就会高兴得像个孩子一样手舞足蹈，这是他独有的生活意趣。

每当生活的艰辛如枝蔓般攀上心头，他就会在五柳树下，抬头望着雁南飞、望着流云隐隐、望着杨柳依依，手捋丝丝鬓须，吟诗几首，以排遣心中忧闷。这也是他独有的生活意趣。

在这一抬头的惊喜里，世间得失已悄然远逝。五柳先生，从此便可逍遥地过完自己的一生。

随着时光，回到我们生活的这个时代。

现如今，我们身边总会有这样的一幅景象：无论是在路途中、公交车上，还是家里或是其他场合，人们永远都是低着头，或者皱眉沉思，或者电话不断，或者盯着笔记本，或者把玩手机。

于是就出现了这样的一幕：路上行人低头匆匆而过，忽略了身边的花香鸟鸣；公交车上，人们低头忙着翻看笔记本里的数据，看不到车窗外众生百态的大千世界；家里，人们低头忙着整理明天的工作材料，无视了父母那想要和你说说话而热切期盼的眼神；饭桌上，人们低头接打着各种电话，而忽略了孩子正在伸出渴望的手呼喊而出的"爸爸妈妈"。

我的一个朋友，她是一名典型的工作狂，因为极度要强的内心，所以总在马不停蹄向前的路上奔忙着。

几乎每天上下班的途中，她都会戴着耳机，低着头打电话，这个世界的一切在她眼里都是浮光掠影。回到家也总是低头翻看着电脑，有时好几个小时都不和家人说一句话。

她说，她已经忘记上次抬起头好好看看这个美好的世界，是什么时候的事情了。

某天傍晚下班，她开着车行驶在车水马龙中，这天没有繁重的工作压力，于是百无聊赖的她，不经意间抬起头看向车窗外，忽然发现了许多她已经很久都不曾注意到的美好：

她看到一群放学的孩子，背着书包，在风中奔跑，嬉笑打闹，那快乐的模样，像极了小时候朝气十足的自己；她看到一群身穿花衣服的阿姨，晚饭后集合在一起跳广场舞，浑身散发着无限活力；她看到夕阳的余晖照耀着路边的花朵，灿烂的光源与缤纷的色彩交相辉映，美得惹人怜爱……

于是，她干脆停车奔向广场，在光影和花影的律动下，跳起了自己人生中的第一场广场舞。

生机勃勃的天地间，她体会到了喧嚣生活之外的人生乐趣。

抬起头，只是一瞬间的停顿，心便有了不同的顿悟。

那是侧畔千帆过尽时，卸下重重负荷，在轻盈而诙谐的心境中，去发现生命的美好情致。

抬头看，天上就是光。

在"静观"的高明里享受无租期的三亩花地

一次次呼啸而过的奔忙里,留下了不曾有一刻可以停歇的脚印。这一串串为了生活走过的脚印里,是重重踩踏下去的心灵负累。我们忘记了到底多久没有在"静观"的悠然里,细数流年,看流光如水。

很多读者问我,人生是什么?

这是一个亘古不变的话题,不切实际,却又现实可观。

我说:人生就是一场不停的行走,红尘里,每个人都在追逐,为名为利,为欲为望。从春到秋,从日出到日落,从少年到白头……

谁不是万水千山走遍,谁又不是拼尽全力,赴此一生?

生活是一场每个人都要赶赴的盛宴,为了盛装出席,我们努力用物质包装光鲜的外表,我们也努力用才能丰盈深刻的内在。粉墨登场之际,在别人羡慕的眼光中,也许只有自己知道,台上一分钟,台下十年功,这些年为了活得风生水起,我们曾经为此付出了怎样的艰辛。

一次次呼啸而过的奔忙里,留下了不曾有一刻可以停歇的脚印。这一串串为了生活留下的脚印里,是重重踩踏下去的心灵负累。这里,没有"静",没有"观",熙熙攘攘里响起的,是快马加鞭莫等闲的催促。

我们忘记了到底有多久没有在"静观"的悠然里,细数流年,看流光如水。

在读者群里,对于这个话题的热度,持续不减。

有人说:我真的很想知道,在这个全民浮躁的时代,如何在纷乱忙碌中,兼顾诗与远方?如何在朝九晚五里,静观生活的美好?如何在物欲熏心的环境下,忠于内心,让生活过得有滋有味?

有人说:时代纷繁复杂,忙碌的人们,最终还是要从外物回归到内心,而这种回归,在今天变得更难,却也更迫切,我们都需要找到这个入口。

有人说:这个世界,越是在意,越是失意;越是急切,越是烦躁。我明显感觉到身边的人比从前更急躁了,包括我自己⋯⋯

在这个信息爆炸的时代,哪里静得下来?物欲需要财富来满足,心灵需要知识来武装,这内外兼修的装备,哪里是轻而易举能够换取来的?

我的一个朋友是报社记者,经常做采访的她,对社会热点现象那是相当在行的。

她说,其实她也一直在风风火火的时代大军里,穿越火线,做着记者的工作。每天的生活都是背着相机一路小跑,各种采访报道,再到媒体短视频制作,她在自己的忙碌里,感受着别人的忙碌,于是,心里就有了一种难以名状的急躁。

着急什么呢？无非是名缰利锁，无非是荣华富贵，无非是前程似锦……

尽管明明知道比上不足比下有余的道理，也知道还有很多人过得不如自己，可不知道为什么总是觉得自己才是过得最不好的那拨人。

于是她曾对我说，这个时代，最难做到的就是"静观"了。

深以为然。我们每个人都曾经有过这样的经历：

看着别人年入百万，一年赚得一辆豪车，羡慕嫉妒之余，不平衡的内心开始惶惑不安。别人的房子越换越大，再看自己十几年没有改变的现状，总觉得自己输的不只是颜面，还有纵横江湖的气场。

于是，我们除了上班时马不停蹄的忙碌，还有下班后的苦思，不断反问自己是不是没有未来了？人生的征程是不是就此戛然而止了？想着想着瞬间感觉没有了存在感……

内心的喧闹，不是一种病，却渗透到了我们生活的每个角落。

静观这个词，来源于北宋哲学家程颢的《秋日偶成》一诗："闲来无事不从容，睡觉东窗日已红。万物静观皆自得，四时佳兴与人同。"

诗中传达的精髓是：无论世事如何纷扰，心情若闲静安适，静观万物，都可以得到休养生息的乐趣。

古哲贤士在仕途中深感疲惫和厌倦后，往往会选择避世隐居，或择一茅舍，守一树一田，静观日升日落，做一个充耳不闻山外事的

"闲士"。

可生活是现实的，柴米油盐，车子房子票子，是生活的必需品，谁都不能脱俗，谁都无法免俗。

因此，我们需要修炼的，是现实中"闹中取静"的技巧。

记得以前在杂志社写稿时，我采访过一个抑郁症患者。采访时她已经康复得差不多了，因此她很愿意我把她的故事写出来。

那时的她正在经历着人生最灰暗的时期，失业离婚，外加父亲离世，重压之下的她，几度精神崩溃。彼时的她，愤世嫉俗，厌世厌物，于是决定抱着逃避的心，入寺为尼。

一番千回百转后，她发现，无论身在何处，如果心不静，一切都是喧嚣。真正的平静，不是避开世事纷扰，而是在心中修篱种菊。

于是，她回到家乡，将自己家的老房子翻新，家中一切布置都是自己喜欢的物件，院里种了几株垂柳。就如自己内心所憧憬的一样：忙完一切琐事，放下一切心事后，在闲情逸致的日子，于杨柳依依的树下摆几张桌椅，泡一壶清茶，邀三五知己，看月上柳梢头，看繁花在暮色里摇曳……

渐渐地，静中的她开始顿悟：生命来去是常态，执念不如随缘。

她说，这个世界上最美好的事，就是在喧闹街市中，在繁杂心绪中，有一处院落，有一片净土，可以仰天看繁星，可以低头数流年。

一语道破一个"静"字，在生活中的境界。

我们都是这个时代里忙碌的灵魂,因此我们都有着相同的生活经历。

清晨,在蒙蒙眬眬中,听见了铃声和手机振动的声音,强忍着睡意和浑身的酸痛,从床上挣扎着起来,风风火火地洗漱之后,就开始了一天的行程。

生活似乎也本该如此,在周而复始中旋转,紧凑地完成着一个接一个的任务,就像是日夜不息的齿轮,仿佛稍微有所懈怠,整个生命就会停滞不前。我们习惯了每天走路带风,习惯了心不在焉地草草用餐,习惯了把生活的美好当作过眼云烟……

在这样的生活里,我们渐渐失去感受四季流光踩过心上的声音,我们忘记了这个世界还有日出日落,还有朝霞暮光。在上司的严厉催促下、在同事的鄙夷中、在朋友的比较中、在社会的压力下,我们一点一点地变得急功近利,变得急躁,变得麻木,变得木讷而无趣。

在生活来去的仓促中,一切趣味生机,都已擦肩而过。

我经常在长时间写稿后,站在阳台边,放下所有的故事和文字,静静看向窗外。偶尔,看到树叶上洒落斑驳的阳光,闪烁跳动间,心灵仿佛已经被带到了林间深处。我穿着白色衣裙,裙角在风中轻舞飞扬,一缕阳光洒在落英缤纷的草地上,抬头,树丛间簇拥的绿叶映着阳光,钻石般的光晕透过密密的树林,明晃晃地投映在林中的每个角落。不时一阵微风吹来,整片树林的叶子如风铃般摇曳舞动……

思绪,也随着这一抹"静观"的兴致,留在内心的安宁中。

我的一个读者，也有着自己独特的生活情致。他说，生活不只是无止境的工作与任务，在这令人窒息的空间里，需要寻找一丝清静去喘息。他每天晚上都会一个人去空旷的地方独坐冥想，安静的地方更容易让喧闹的心平静下来。那时，他会闭上眼，在晚风的轻抚下，聆听周围万物的声音，一切都会豁然开朗。

闲暇时，他会带着家人去郊外徒步，一路感受大自然的风光，感受这世界不同的景致，去体验不一样的生活方式，去品尝异乡的美食。没有焦急的生活，没有烦心的任务，没有未来的忧虑。只有此刻，感受这时光里散落的小美好。

休养生息后，才有了继续赶路的余力。

世事如麻，剪不断，理还乱。

万水千山走遍，一路尘嚣一路风雨，沾染了太多纷繁杂念的心，像是蒙尘太久的瓷器，就算拂去尘土，也会呛了鼻，迷了眼。于是，想要真正的"静"，似乎成了一种可遇而不可求的奢侈。

但是，尘土总要拂去，才能看清世事。一路风尘，一路梳理，当生活的乐趣，一点点滴水成河时，尘埃落定后的恬淡心境，自会邂逅不期而遇的美好……

行到"水穷处"的阴沟,也不忘踩着云朵贩售乐趣

行到水穷处,日日悲叹,不如日日欢欣;"就地抓狂",不如"坐享意趣";心念成殇,不如心思澄澈。过去的回不来,未来的到不了,能够抓住的只有现在,而现在除了有意义,还应该有意思……

世事没有完美,我们总会行到"水穷处"。

我们遗憾着感叹着,为了那些没有做完就结束的事,为了那些没有实现就消散的梦,为了那些没有开始就已经失去的愿望。仿佛一切已经走到尽头,看不见前路,找不到退路,伫立在原地,不知何去何从……

这一段心事,不是我的喃喃自语,而是红尘中的我们,都曾经有过的感触。

行到水穷处,就像是生命摆在我们眼前的一段命题,又像是上苍冥冥中对我们的一个考验。此刻的你,到底会怎么做?

一个大大的问号,在心间落地成谜。

那么,就让我带着你,走进诗人王维的世界,看一看他在几段不同的人生境遇中,如何向我们诠释和解读"行到水穷处"的出路。

王维一生跌宕起伏，经历了安史之乱，经历了世事沧桑，一生几许伤心事，竟无从述说。

　　第一段，在《山中》一诗中，王维看到的"长江悲已滞"。那时的王维还年少，表面看，离开长安的他，似乎洒脱无比，他的内心却满是仕途沉浮起落的伤感。外面的世界，烽烟四起，明争暗斗，大起大落，他的心在这样的纷扰中，似乎也失去了方向。于是，站在不知进退的"水穷处"，他眼里的长江，仿佛也如他一般，已经悲伤地滞流……

　　第二段，到了《鸟鸣涧》时，王维的心已经多了几分闲适的意趣。"人闲桂花落，夜静春山空"，想必这时的他，内心的苦闷还在隐约飘荡，同样是郁郁不得志的境遇，同样是走到了没有前路也没有退路的"水穷处"。而这时的他，却已没有了悲伤的感叹，坐在某个无意行至的山间路口，他的内心闲适到居然可以听到枝头桂花那扑簌簌落下的声音，那声音像是一首美妙的乐曲，在快乐的心间弹奏。

　　傍晚返回家的途中，夜静谧得像整个山都空了。试想，他的内心到底有多么妙趣横生，才会欣赏和沉醉在这样的意境中哪！

　　到了第三段，便回到了我们要说的主题，这时的他，已经到了"行到水穷处，坐看云起时"的境界。与其在山穷水尽时仓皇失措，不如干脆坐下来，就地取乐，管他世事如何颠沛流离，管他外界如何风云莫测，我只要此时此地，看此情此景的美好，就足矣。也许，等到心意开朗之时，自然是峰回路转之日。

由此及彼，我想到了李雪琴的故事。

在《脱口秀大会》节目中，人们总能被李雪琴诙谐幽默的小段子逗乐，大家都以为她是一个天生的乐天派，可当人们真正走近她了解她的时候才发现，其实她以前是一个内心特别"丧"的人。李雪琴从小父母离异，父母离婚之后，备受情感折磨的妈妈变得异常情绪化，经常无缘无故对李雪琴发脾气，她不仅要忍，还要想方设法哄妈妈开心。每次心情不好的时候，她都会选择躲在无人的角落独自"舔舐伤口"。当同学们还在尽情享受无忧无虑的少年时光时，李雪琴却终日沉浸在书本里，目的就是为了有朝一日能出人头地，不让妈妈伤心。

可就是这种超乎常人的"懂事"，一点点压垮了她的精神，后来她被确诊患上了抑郁症。北大毕业后李雪琴到美国读研究生，国外新的环境并没有治愈她的抑郁症，直到休学回国创业，她的抑郁症依旧反反复复，有几次情绪极度崩溃的时候，她甚至想到了自杀。

幸运的是，她遇到了喜剧，喜剧也从此成了她快乐的出口，她认为喜剧的内核是悲剧，在喜剧里她把痛苦揉碎编成了段子，为自己找到乐趣的同时也治愈了别人。

有一段时间，综艺节目《五十公里桃花坞》在网上引起了热议，这档综艺是以"戏精"和"抓马"的话题出现在观众面前的。但随着节目的播出，人们的关注点不再是综艺八卦，而是纯真的友情、治愈人的温暖，以及身边人的感人瞬间和对人生困境的释怀。而导致这种画风突变的主导者，就是李雪琴，在被她治愈的同时，很多人都相信，她是一个有着大智慧的乐观主义者。

比如，在《五十公里桃花坞》里有这样一个情节：那天，她兴致勃勃地跑去看日出，却没赶上，于是她干脆躺在放逐岛的石头上，仰望着星空说："行至水穷处，坐看云起时。这么美的星光，走了几千年才闪耀在我们眼前，却经常被我们自己制造的坏情绪遮挡了它的光芒，那是一件多么遗憾的事情，所以，一定要让这个宇宙最亮的星光，点亮我们的快乐，这才是最浪漫的事情。"

还有一次，在经过一条湍急的小河时，她不小心失足落入冰冷的河水中，人们见状纷纷跳到河里救她。被救上来的李雪琴并没有半点不悦之情，而是坐在草地上，一边哈哈大笑一边拧着浸满水的衣服，还不忘回头和演员陈坤开玩笑："坤哥，人在河边走哪有不湿鞋的，但是我就是湿了鞋也照样出淤泥而不染，所以我还是挺开心的。"

就这样，李雪琴被这种"行到水穷坐看云起"的豁达治愈着，人们也在被她舒展幽默的搞笑段子感染着。映衬着台下的笑声和掌声，她潜藏在内心深处的忧伤，好像也都释然了。于是，李雪琴在大家的眼中，不仅是北大学霸、脱口秀演员，更是生活的励志学家，她曾经晦暗的心理也已经在快乐的感召下得以放逐。

再后来，李雪琴发了一条视频，视频的主题是"幸福是啥"，她说自己去了一趟菜市场，忽然明白了幸福的真谛："幸福就是简简单单的烟火气，你如果抑郁了，就上菜市场，让大哥给你捞条鱼。"

只是如今的我们,每当行至"水穷处",总会抱怨世事无常,遇人不淑,眼前的一切仿佛都随着自己的心情变得晦暗无比。哪里感受得到"云起雾散"的美妙,只会抱怨坏心情时连天公都不作美;哪里还能听到纤小的桂花飘落的声音,哪怕一块陨石从天而降,我们的心也没有丝毫感受。

我们硬生生地把"就地取乐"这种天赐的美好情趣,掩埋在了被世事磨砺得面目全非的生活里……

我们也忘了,就地取乐之时,也正是韬光养晦、蓄势待发之际。

她是我在某次工作合作中认识的女孩。

我第一次见到她的时候,她端坐在沙发上,笑容灿烂,白皙的脸庞泛着健康的光泽。轻松愉悦的交谈中,我被她率真潇洒的气质吸引,心想这样的一个女子,一定有着幸福平顺的人生。

可当她站起来的一瞬间,我惊呆了。她的右腿萎缩,歪歪斜斜勉强支撑着地面,唯一可以发力的左腿,在行走时携带着身体的重心倒向左边,右手托着软弱无力的膝盖,行走中的她,看上去像一座不停左摇右摆的挂钟。

她看着我诧异的表情,若无其事地泰然一笑,仿佛在讲述着别人的故事一般,向我说起了她的经历。

童年时的她是一个美丽可爱的女孩子,可意外却在五岁那年突然而至,让人措手不及。那天,放学后的她突然感觉没来由地头疼恶心,本以为是正常感冒，没当回事。一个星期后开始发热，全身肌肉酸痛，好几天不见好转。随之而来的是肢体无力感的加重，情急之下赶到医院，却被告知她患上了"小儿麻痹症"。

那时的她还小，她不知道这个病会对她未来的生活带来多么可怕的影响。她只知道自己身体关节的肌肉会不断地受到侵蚀并发炎，发病时疼痛无比，行动极为不便。

十一岁那年，心智越来越成熟的她，面对自己已经变形的右腿，和走路异于常人的跛脚，她的内心一天天变得痛苦不安。再加上每天让肢体疼痛到无法忍受的训练，一度让她万念俱灰。

那天，躺在床上的她，望着窗外在阳光下追逐奔跑的同龄人，眼泪打湿了衣衫，她觉得自己真的已经走到了人生的"水穷处"，没有前路，也没有退路，生活似乎已经失去了所有的乐趣……

直到十五岁那年，隔壁搬来一个女孩，那一天阳光正好，女孩坐在阳台的藤椅上，低头编织着一个紫色的风铃，女孩嘴角微扬的侧脸，看上去静谧安详，手里的风铃在女孩的手指中碰撞出清脆的声音。她看着看着，心头忽然生出一种前所未有的幸福感。

于是，兴致大起的她，爱上了这种在制作手工艺品中体验生活趣味的感觉。

是的，与其在生活的"水穷处"天天对着窗外感叹世事无常，不如干脆就此做一些更有趣味的事情，否则，岂不是浪费了那么多美好的光阴吗？

从此，她的窗前，成了一道最美的风景线：细雨微微的午后，她会和隔壁女孩一起坐在窗前，用藤条和粗布，编织一个花篮。手指穿梭间，是快乐在指尖萦绕。雨丝飘过时混着泥土的味道，她在仰头轻嗅间感知着自然的趣味。一滴雨打在脸上，溅起小小水花，她笑着拂去，内心满是恬适。

春风吹拂杨柳的清晨，简单洗漱后，她依然会坐在窗前，一根针，一丝线，几件小物件，穿穿梭梭间，一件别致的创意作品便诞生了。她不在意最后到底做成了什么，她在意的是，那种在生活的阴影里，依然有微风和阳光钻进心里的生活意趣。她喜欢看柳絮黏着蒲公英在风里翻飞，她喜欢看一片叶子晃晃悠悠落在窗台上，她喜欢看两只燕子在叽叽喳喳的鸣叫中缠绵……

她说，那时的她，每天脸上都会洋溢着甜甜的笑，很多人都惊异于她在如此悲惨的境遇下居然能有如此纯澈的笑颜。她知道，是"就地取乐"的生活情致，改变了她的心境。

不成想到的是，她的这些随心而作的手工艺品，偶然中被一位民间艺术家发掘，经过一段时间的了解后，艺术家试着将她的作品带到展览会上，没想到却引来很多人的欣赏和关注。

一年后，她成了某文化公司的设计师，她的作品一经上市，便成了供不应求的艺术品……

那一年，她残缺成殇，万念俱灰；那一年，她坐享意趣，心思澄澈；现在，她左手爱好，右手事业，人生一举两得。

生活，有时神奇得让人捉摸不透。

行到水穷处，日日悲叹，不如日日欢欣；"就地抓狂"，不如"坐享意趣"；心念成殇，不如心思澄澈。

过去的回不来，未来的到不了，能够抓住的只有现在，而现在除了有意义，还应该有意思。就算行到"水穷处"的阴沟，也不忘踩着云朵贩售乐趣。

那就在当下的生活里，投入一些趣味吧，也许，彼岸花开，世事已是另一种美好的开始。

第四章

第一次无谓贫富,是在玻璃晴朗、橘子辉煌的寻常里

热爱可抵岁月漫长，清欢可渡人间薄凉

这是一个需要清欢来消融焦灼的世界。太多的世事牵绊，太重的生命负荷，太久的奔波忙碌，已经让我们的心，堆满了厚厚的尘垢。于是，我们才会如此渴望着，能够枕着至简至趣的寻常清欢，酣睡在浮生若梦里。

我曾经在微信读者群里做过一项调查：面对世事繁杂，你最想走到哪句诗里停泊？

于是，便有了这一句"人间有味是清欢"。

原来，很多人都是如此深爱着这句：人间有味是清欢。

是的，这是一个需要清欢来消融焦灼的世界。太多的世事牵绊，太重的生命负荷，太久的奔波忙碌，已经让我们的心，堆满了厚厚的尘垢。于是，我们才会如此渴望着，能够枕着至简至趣的寻常清欢，酣睡在浮生若梦里。

什么是纷繁浮生里的清欢？

最有发言权的当然是诗句的作者苏轼了。

一向超凡脱俗的苏轼，最能随遇而安。这句随遇而安对于东坡先生来说，可不是励志口号、心灵鸡汤，他是真的喜欢用这种意趣生辉的处世方式，来舒缓内心的忧闷。比如，被贬谪至海南儋州，那个时代放逐海南是仅次于满门抄斩的处罚，可见他当时是何等潦倒萧瑟。可聪明的苏轼觉得既然命运如此安排，不如快意江湖。于是他左手美食，右手朋友，一声狂笑，醉看浮生。

他在岛上的朋友黎氏兄弟，看到他在绝境中依然风骨舒朗，把生活过得有滋有味，在清贫的粗茶淡饭中，也不忘豪迈吟诗，均对他佩服有加。

"清欢"，顾名思义，清雅恬适的欢畅，不是狂欢，更不是纵欢。"白茶清欢无别事"，清欢虽淡，却如涓涓溪流一样，可以沁入生活的每一个细枝末节。

苏轼的"清欢"里，没有自我的放逐，没有纵情的欢乐，也没有无奈的感叹。他告诉我们，清欢，是清简有味，比如在他描写美食的诗里，"日啖荔枝三百颗，不辞长作岭南人"，那个时代的海南没有太多美食，可是他的眼睛却总能发现美味。由于海南临海，所以盛产生蚝，他喜欢将蚝肉放到浆水和酒中炖煮，果然是"食之甚美，未始有也"。在他眼里，品味生活的小乐趣，和朋友们煮酒黄昏，即使吃着最简单的野味，也能心满意足。

他用穿越千年的清欢，告诉我们，生活不必烦琐，简约最合宜。生活总有琐碎的烦恼，在复杂中寻找一个平衡点，化繁为简，把不必要的负累清零,以更透彻也更淡然的心境面对曾经的痛。

很多读者问我,当今社会,面对必须完成的学业和工作,心灵的负累是在所难免,如果真的抛开一切,过归隐的生活,也是很不现实的。那么,我们到底该去哪里寻找世事喧嚣深处的清欢呢?

生性旷达洒脱的苏东坡在历经贬谪之际,曾经吟出了这样一句气贯山河的名句:"此心安处是吾乡。"在苏东坡颠沛流离的一生中,无论贬谪何处,他总能透过浑浊的世事,看到人间的至味清欢,有时就算自己病中无药可医时,他依然能笑着幽默地对朋友说:"每念京师无数人丧生于医师之手,予颇自庆幸。"这种安之若素的坦然,如一泓碧波,涤荡着他纯澈快乐的灵魂。正如林语堂在《苏东坡传》中写到的一样:"苏东坡已死,他的名字只是一段记忆,但是他留给我们的,是他那心灵的喜悦,是他那思想的快乐,这才是万古不朽的。"生活以痛吻我,我却报之以歌,读着他的故事,我们看到一个高洁的灵魂,跨越千年时光,正在向我们讲述一个真理——好看的皮囊千篇一律,有趣的灵魂万里挑一。

我很喜欢清代文学家沈复的自传体散文集《浮生六记》,这部散文集共分六卷,其中第一卷是《闺房记乐》,第二卷是《闲情记趣》,里面多处记载了他与志趣相投的妻子陈芸的生活意趣。

比如:"余闲居,案头瓶花不绝。芸曰:'子之插花能备风晴雨露,可谓精妙入神。'"

那是怎样妙趣横生的夫妻生活日常啊。其实，也没有什么隆重盛大的仪式和礼物，只是每每闲居在家，他们总是会为桌上的花瓶不断地更换新鲜的花束。妻子陈芸对沈复说："你的插花中总是充满大自然的气息和特质，这也为我们的生活平添了美妙入神的意境。"话里话外，我们隔着百年的时光，都能嗅到空气中那一抹淡淡的佳趣。

比如："余忆童稚时，能张目对日，明察秋毫。见藐小微物，必细察其纹理。故时有物外之趣。"

沈复说：我总是会想起小时候那些幽静的时光，当我坐在灿烂的阳光下，我总是喜欢用眼睛细致地捕捉那些细微的东西。越是细节之处的东西，越是要缜密敏感地观察其纹路。所以我总是会在观察事物的时候，发现事物本身之外的很多乐趣。

这就是我想要回答读者的问题，我们到底该去哪里寻找世事喧嚣深处的清欢呢？我们不需要走得太远，我们甚至不需要做得太多，更不需要刻意的时间和场景，一个真正懂得生活佳趣的人，走到哪里，都能发现那些细微之处的美好。

他的妻子陈芸被林语堂先生盛赞为"中国文学史上最可爱的女人"，她可真是个连灵魂都能有趣到发光的妙女子。

她喜欢吃臭腐乳，每当快意咀嚼之时，总会爽朗地笑着说："只要我喜欢，不管它多臭，我都要尽兴地大快朵颐。"每当看到这里时，我都会笑着想：这哪里是个小女子，明明就是一个豪爽旷达的男子嘛。

她也恰是这般温柔智慧又心思通透的女人。作为妻子，她不光善于料理家务，还能把最寻常的日子过得诗情画意，这种风雅趣味也是他们简单生活里最好的调剂品。某次，沈复因故搬出雅致的住所，去一个偏远的地方租房而住。那个年代的两个人，却已懂得"房子是租来的，生活却不是租来的"的道理，两人硬是把清苦的日子过得极有滋味。

这不，芸娘在那小小的院落里，开辟出一亩三分地，那里种满了各式菜蔬。她总会在某个炊烟升起的黄昏，于落日的余晖下，将自己的身影掩映在绿意浓郁的菜地里。她摘菜，他浇水；她回头，他转身，目光交会，相视而笑。这至简至趣的清欢，是他们最美的时光。

她真是个内外兼修的风雅女子，女红也手到擒来，纺纱织布，缝衣裁剪。最有趣的是，她总是会根据沈复和自己的心情，不断用自幼便习得的苏绣，为衣裳刺上一些风雅精致又趣味横生的图案。

于是在这个小院子里，一生一世一双人，一瓢饮在陋巷，不用天涯海角，也可以享尽人间趣味。闲时，他们或对镜贴花黄，或对饮成双人，平淡的日子因为丝丝缕缕的清欢而不亦快哉。芸娘如很多文人雅士一样，喜欢种菊，于是每到中秋节月圆夜，他们便会邀请亲朋围坐，赏菊吃蟹，对月当歌。

心有意趣的两个人，既为夫妻，也可为友。聪慧博学的芸娘，会与沈复品读诗文、抚琴作画。她还会突发奇想，女扮男装，同沈复一起潇洒同游，引得路人纷纷侧目。

芸娘是一个内心纯澈的人，所以她总是能发现生活的妙趣。那一日,夏夜星空如水,萤火虫飞过湖畔,伴着几声此起彼伏的蝉鸣,她徜徉于荷花丛中,将一小包茶叶,埋在荷花花蕊中。第二日天初亮时取出,以此泡茶,荷香便随着茶香袅袅升腾,沈复端起这杯茶,还未掀开茶盖,已是香味萦绕鼻尖。他回头看向芸娘,两人相视而笑。

如此这般至简至趣的清欢,就算身在陋巷,就算清茶淡饭,也一样可以在浮生若梦里,逍遥自在。

只要心有意趣,在任何地方都可以逍遥成诗。

想必人生坎坷但心性始终豁达的东坡先生,在写下那句"人间有味是清欢"时,内心升腾而起的,也是那一抹"一蓑烟雨任平生"的豁朗意趣吧。

就像沈复,他坐在灿烂的阳光下忆起童年的闲趣时光是清欢,他闲居在家与妻子对望插花也是清欢,甚至嗅荷消得泼茶香,亦是清欢。

那么,就让我们枕着至简至趣的寻常清欢,酣睡在浮生若梦里吧。

那一瞬间的不亦快哉,是晕染了生活的油彩

带着这份不亦快哉,不压抑不刻意,哭泣时泪流满面,喜悦时笑傲江湖。欣喜便是欣喜了,一声干脆利落的"不亦快哉",如颗颗珍珠落入玉盘,那清脆的声响,敲开了困顿中沉滞的心扉,携卷着那一抹悠然的快意色彩,继续一段轻盈的旅程。

很多读者问我:世界这么大,我们这么忙,该去哪里寻找生活的趣味?又该在什么样的时间营造生活的趣味?

趣味的发生,和两件事有关:一是心境,二是发现。

所谓心境,便是"趣味"赖以生存的净土,就像是花草安稳扎根需要水源充沛的土壤一样,这里一定是松软而丰厚的,这里也一定是辽远和旷达的。这里可以容得下万物的流转,也可以托得住世事的变幻。纵使外界嘈杂声此起彼伏,在这样的心境里,也依然可以梳理所有的凌乱,清空所有的是非,为心腾出足够整齐干净的空间,给趣味的驻扎找到安放的据点。

所谓发现,便是由通透的心境衍生出来的一种"捕捉能力",就像是一部好的摄影机,可以在瞬间捕捉最精彩的镜头。而这种发现

的能力,也和两件事有关,一是精神和灵魂的修为与境界,二是习惯的培养。苏轼说,此心安处是吾乡,这颗心安定的地方就是我的故乡,这就是修为带来的境界,所以苏轼无论身在何处,总能发现身在故乡的闲情逸致。但我们毕竟不可能人人都有苏轼的修为,所以,忙碌中深感生活乏味的我们,要做的便是培养一种捕捉发现生活趣味的能力。

说到不亦快哉,不得不提到一个人——金圣叹。

他是清代著名才子,心有意趣的他,身在乱世依然达观,身在闹市也依然清醒。他是中国历史中最有个性的奇才,于是后人如此说:"人生缘何不快活,只因未读金圣叹。"

我记得第一次读金圣叹的文章,看到他写的那三十三个"不亦快哉"时,只觉酣畅淋漓,似乎一瞬间便顿悟,原来生活的趣味,并不遥远,就在眼前的细微之处,只要愿意发现、用心捕捉,便随处可见、触手可及。

比如:"十年别友,抵暮忽至,不亦快哉!"十年未见的老友,在黄昏时忽然来到。开门后匆匆作了一揖,并不问是坐船来还是骑马来,也不招呼他坐下,而是奔到夫人的房间问她:"你可像东坡妇一样备了好酒?"夫人一笑,拔下头上的金钗,以作酒钱。他想着这样可以痛快地喝上三天三夜,便觉得快乐不已。

比如:"推纸窗放蜜蜂出去,不亦快哉!"那个夏日的午后,正在依窗酣睡,这时一只蜜蜂穿窗而入,扰了清梦,于是跳起来推开纸窗放其出去。看着飞在花丛中的蜜蜂,心底便升起一丝快意。想想,若是现在的我们,睡意正浓,被蜜蜂吵醒,一定会气呼呼地站起来,满嘴抱怨地将它轰出去吧。

比如:"看人筝断,不亦快哉!"春日黄昏,站在桥边仰头看风筝在天上飞,忽然那只最高的风筝挂在树上,被树枝扯断。看着风筝晃晃悠悠从天而落,看着放风筝的人慌乱中左拉右扯地拽着空荡荡的线,像无头苍蝇般跑着小碎步,那滑稽的样子,逗得看到的人捂着肚子笑出了眼泪。这真是一件极有趣的事了。

比如:"冬夜饮酒,转复寒甚,推窗试看,雪大如手,已积三四寸矣,不亦快哉!"那是一个漫天飞雪的冬夜,夜凉如水。此刻最幸福的事情便是在温暖如春的家里,温一壶酒,伴着屋外的寒星饮下,顿觉浑身温热。这时,用不再寒冷的手,推开窗户,看着满地积雪,已是几寸厚,遂如顽童般跑到屋外,在雪地里手舞足蹈地蹦跳。

这是怎样的情怀,让简单的生活,变得意趣无限。

随着金圣叹翻手为趣,覆手为味的指引,我们就可以回到自己生活的时代,体会和发现属于自己的闲情逸趣。

最近在网上看到一段直播视频,讲述的是一个高考落榜生失意逆袭的故事。女孩是一名品学兼优的高中生,是万众瞩目的学霸,然而一次高考落榜,彻底摧毁了她的名校梦,也摧毁了她全部的信心和骄傲。无数个情绪压抑的日日夜夜，将她一步步推向痛苦的深渊，她甚至想到了自杀这种极端的宣泄方式。

可是渐渐地，她开始明白，晦暗的心情只会让生活的阴云越积越厚，只有以"自愈"的洪荒之力发掘生活的"不亦快哉"之处，才是最好的逆袭。

于是，她以直播的方式带着粉丝们开启了一段又一段发现自我的路程。视频里，她走在旅行的路上，烈日当空，汗流浃背，穿梭在拥挤不堪的人群，连睁眼的力气都没有，甚至觉得眼前的景色都索然无味，身旁的人群拥挤不堪。挤到树荫下的她，忽然看到两只公鸡在似火骄阳下追逐打斗，满身竖起的羽毛威风凛凛地闪着霸气的光泽，扑扇的翅膀带起满地尘土。看着看着她便捂着肚子咧嘴大笑，旅途的疲惫一扫而空，那爽朗的感觉，不亦快哉！

在山间公路骑行，道路高高低低蜿蜒曲折。上坡时，她费尽全身力气之余，正感觉心慌腿软之际，前面是一段下坡路，于是她忽然又有了神清气爽的感觉，一路狂叫着向下滑行，还不时张开一只手臂，感觉自己浪漫得像《泰坦尼克号》里的女主角，腋下生风，秀发翻飞。那种迎风飞扬的情趣，不亦快哉！

有一段视频，很日常却很温馨。那天她找工作回到家，身心俱疲之际，忽然看到屋外飘起了雨丝，最初只是丝丝缕缕轻轻飘扬，很快便成了倾盆大雨，窗前磅礴成泛着雾气的雨幕，凉气夹杂着雨水混成的泥土味道一拥而入。她忽然感觉刚才的疲惫似乎早已被雨水冲刷得荡然无存，于是，她光脚尖叫着冲到阳台，聚拢手心，任雨水打在手上，又溅到脸上，大笑着回头，家人一边收着衣服一边跟着她一起笑。幸福感在蔓延的时刻，真的是不亦快哉。

有时，她还会约上三五好友，围坐在火锅边，看热气腾腾，热汤滚滚，嬉闹着将各种食材置入，再伴着一口浓烈的美酒，一边喊辣又一边大呼过瘾。满脸红光伴着满头汗水，真的是不亦快哉！

那一次的旅行视频，背景是一片黄灿灿的油菜花，她坐在陌上花开的田间，弹着吉他，清唱着古老的民谣，她微红的笑脸与那一片生机勃勃的金黄色交相辉映，仿佛清晨时天边弥漫着的绯红色的朝霞，美好得让人觉得，这就是平凡生活里最惬意的诗和远方。这份舒展自由的心境，不亦快哉！

黄昏的窗前，她搂着妈妈的肩膀相拥而立，看朝霞晕染了旖旎的远山，看大雁双双隐入云端，看月满西楼风过无痕的空寂清幽……无须跋山涉水，也能在彼此依偎的爱意悠长里，看过千山万水，这份雅趣，不亦快哉！

视频里的她，也会在秋日暖午时，载着父母亲人漫无目的驾车游览，看窗外景随车动，所有生活的烦恼似乎都被窗外疾驰而过的风带走。目睹长河交汇，又看陌上花开，那种暖暖行过的舒朗，真的是不亦快哉……

这些"不亦快哉"，常常是瞬间捕捉到的。那种快意的趣味，就像一束光照进喧闹浮躁的心里，又像是一滴落入水里的油彩，急剧地扩散，把生活的基调晕染成欢快的彩色。在那一瞬间，心好像可以变得辽远而又温柔，看得见世界的本真，读得懂万物的变化，也可以纳世事的流转不定。它持续的时间很短，却像一簇绚烂的烟花，不停地告诉我们："嘿，这个世界有时也许很糟糕，但心有意趣，便可以继续美美地活着。"

正如在金圣叹的"不亦快哉"里，我们看见的是心灵的舞动和灵魂的豁朗，它既不张扬，也不偏激，它灵光一闪，便让生活的浊气消融而逝。它在平凡中闪现，也在平凡中酝酿出对美好的敏感。

带着这份不亦快哉，走过人间，不压抑不刻意，哭泣时泪流满面，喜悦时笑傲江湖。无论世事如何变迁，一声干脆利落的"不亦快哉"，如颗颗珍珠落入玉盘，那清脆的声响，敲开了困顿中沉滞的心扉，携卷着那一抹悠然的快意色彩，继续一段轻盈的旅程。

生活很苦，但是那一瞬间的不亦快哉，却很甜很甜……

在鸡零狗碎的生活里,用天真烂漫拼起一些小确幸

生活的初味,本该就是这样的天马行空,童真烂漫的快乐,可以让所有被琐碎生活搅乱的身心,在如孩童般的想象力中凌空而起,带着那一点点可爱的意趣,带着那一抹诙谐的闲情,飞翔在闪烁着光芒的生活间隙里……

有人说,天真烂漫是属于孩童的天性,繁杂忙碌下的身心,何来天真?何谈烂漫?

仿佛生活就该是循规蹈矩、一成不变的模样。在生活和工作的两点一线之间,回到办公室,回到家里,看着每天需要完成的任务,看着每一段追逐不休的目标,看着熙来攘往的名利欲,看着没有尽头的烦恼,看着身边越来越好的别人和越来越跟不上步伐的自己,看着各种房贷车贷,看着孩子不理想的成绩,看着家庭矛盾日益激化,看着身边的亲人各种需要解决的问题……这些鸡零狗碎的日常,让我们身心俱疲。

生活就像是一个在烦恼中不断旋转的旋涡,我们身不由己地被搅在其中,任凭头晕目眩,也还是要咬牙扛着,似乎不扛起一片天,自

己的世界就会彻底坍塌。

我们都是这样一路走来的不是吗？所以，这样的我们，哪里还有资格谈天真烂漫，那不是这个时代该有的奢侈品。

其实，俗世中的天真意趣，真的不是那么遥不可及，它就在寻常生活的寻常巷陌里，你可以跟着我，走进那些有趣的世界里，去寻找那一簇簇消解倦意的天真烂漫。

还是想说说我喜欢的苏东坡，他做人的妙处就是这四个字——"天真烂漫"。正是因为有了天真烂漫的意趣心性，苏东坡才会在无数个人生劫难中，笑看平生浮云过。

我们都知道，苏轼曾因"乌台诗案"被贬黄州。那天，他与朋友出去游玩，看着身边的朋友们皆因仕途坎坷而面色凝重，于是苏轼提议比试"挟弹击江水"。这种游戏，就像我们现在的"打水漂"，用巧劲儿将石子打到江水里，看谁打的水花多，看谁打得远。于是在苏轼的提议下，大家拿一块儿小瓦片或者石头，贴着水面上打，看石子一跳一跳地漂过去，激起一串串浪花，笑声也随着浪花荡漾开来……

穿越千年，我们似乎看到了一个华发早生的中年男子，在仕途屡受挫折的境遇下，还能如孩子般玩儿这种充满童趣的游戏，的确可爱。

对别人而言，被贬是一种无上的痛苦，是最绝望的事情，但苏轼却在这份天真烂漫里，把日子过得风生水起。

关于苏轼创作的《㩜云篇》这首诗，有一个特别有趣的故事：某次，苏轼外出游玩的途中，发现原本湛蓝的天空忽然出现了片片白云，像奔腾的群马在空中涌动，那一刻，他觉得云朵离他仿佛近在咫尺，仿佛可以钻进他的衣服中，在他的身体的每一处肌肤之间乱窜。于是，他将白云挥手收入囊中，带回家，再将白云一朵朵放出来，看它们在空中变化着袅娜的身姿，缥缈而去。

这些白云被苏轼的童趣赋予了鲜活的生命，山中一游，便将白云如朋友般邀请回家，一起玩耍一番，又放回山中去了。

像这样天真烂漫如孩子一样的人，无论被生活如何摧残，都浇不灭他灵魂中的闲情逸致。就算是路边一根废弃的木头，他都能捡起来将其雕成可爱的木雕，让生活变得熠熠生辉。

今天的我们，内心的不快乐越来越多，和苏轼相比，我们丧失的就是这份天真烂漫如孩童的心境。对自己的目标用力过猛，硬生生地把执着变成了执念，于是身心就越来越了然无趣。倒不如放开紧绷的意念，由它停停走走，也许就会如苏轼那样，回首向来萧瑟处，也无风雨也无晴。

寻常生活的寻常巷陌里，总有一些天真烂漫，可以消解生活的倦意。

他是我的大学同学，那时，他和初恋女友的校园恋情让人艳羡不已。毕业后，两人顺理成章地步入婚姻殿堂。

他的妻子，是一个有着烂漫情趣的女人。

他说，妻子长得小巧玲珑，一张娃娃脸，笑起来很甜。自从和她在一起后，生活里便有了无数个可以编织成梦的趣事。在他眼里，她不仅仅是妻子的角色，她是知己，是朋友，也是玩伴，她的天真烂漫、童稚可爱，是寻常生活里最美的锦上添花。

他说，她是个慧外秀中的女子，思维敏捷，聪明活泼，对任何事物都充满了好奇心。就连散步这件夫妻间最平常的事情，她都浑身是戏。她总是走在前面，总是不停地指着目光所及之物，叽叽喳喳地倒着走向跟在后面的他，讲述着她知道的奇人异事。某次，她在倒走时不小心摔了一跤，随即像个孩子般天真地笑着，从地上跳起来，手里抓着一把顺手拔下来的狗尾巴草，机智地说："其实，我只是想送你花而已。"他听后，被她的风趣感染，仰头哈哈大笑……

他说，在她有趣的灵魂里，他们的生活，时而色彩斑斓，时而清丽淡雅。她爱阳光、月色、繁星、云朵、雨露乃至整个大自然。双休日她从不像别人那样拉着他去逛商场，也不会喋喋不休抱怨工作的烦恼，而是会选择一处郊外的山上或江边，和他静静依偎在一起，看细水长流。她爱好广泛，周旋于柴米油盐，但也精通琴棋书画。为了投其所好，他也学起了画画，练起了书法，还学会了跳伦巴舞。很多时候，都是她作画他题字，举案齐眉，佳人在侧，枯燥的生活也变得意趣无限。

他说，她孩子般的天真让他欲罢不能。某次，郊外游玩，她教他捉蝴蝶，可惜他总是捉不到。于是，她带他来到一个洞口，神秘地说，如果把帽子放在洞口,便可以兜住很多蝴蝶,这样就可以轻而易举地捉到了。她把那个洞口指给他看后,便溜走了。

他信以为真,连忙走过去把帽子扣在洞口,双手紧紧按住。听到帽子下面传来"嗡嗡嗡"的声音,他窃喜不已,心想,只要紧紧按住,就可以捉到所有的蝴蝶了。

片刻后,他拿开帽子时,一群蜜蜂飞出来。他明白是她的恶作剧,手忙脚乱地向四周乱扑乱打。她看到他的窘态后,笑得前仰后合,冲过来拉着他的手便跑。他用哭笑不得的眼神看着她,和她一起在风中狂喊着、奔跑着,一群蜜蜂被甩在身后……这幅生活画面,让他觉得所有的倦意在那一刻已经烟消云散了。

他说,她有一双能干的手,做起事来有条不紊。每当他下班后,她都会把他推到饭桌前,指着自己做好的一桌美食,嘟着嘴嚷嚷着好饿好饿,你赶紧陪我吃饭……她最大的缺点是丢三落四,经常出门时忘记带各种东西,每当他佯装责怪她时,她从不生气,而是像个孩子一样笑呵呵地说,自己这么笨,没有他可怎么活?更令人生气的是,她常常和孩子抢东西,争玩具,每每看到她和孩子扭打在一起,他便幸福地感叹道:真是两个孩子。这时她会把嘴里吃剩的棒棒糖塞到他的嘴里,他便笑而不语……

说起这些和妻子的生活趣事时,我分明看到他的脸上,时不时泛起的幸福笑意。

他说,妻子身上最大的魅力就在于:她能在寻常生活的寻常巷陌里，带着消解倦意的天真烂漫去经营每一天……

　　我想起了《小王子》里的一句话：我们每个人曾经都是孩子，只是生活里的琐碎让我们忘却了童真的烂漫。如果你有孩子一般的纯真，当你爱上了某个星球的一朵花，那么，只要在夜晚仰望星空，就会觉得漫天的繁星就像一朵朵盛开的花……

　　生活的初味，本来就是这样的天马行空，单纯天真的心、童真烂漫的快乐，可以让所有被琐碎生活搅乱的身心，在如孩童般的想象力中凌空而起，穿越生命的荒芜和苍凉，带着那一点点可爱的意趣，带着那一抹诙谐的闲情，飞翔在闪烁着光芒的生活间隙里。

　　原来，我们都渴望在世事喧嚣的余音下，于寻常生活的寻常拼图里，用天真烂漫拼起倦意下的缺失……

这路遥马急的人间，需要别出心裁的烟火趣事

都说风花雪月，敌不过柴米油盐。这个世界上不可能没有柴米油盐，而对生活熠熠生辉的热爱，却能让琐碎的日子变得不再腐朽，于是，理想中的风花雪月，便在有趣的灵魂里凝成了永恒。因为，当一个人有趣时，全世界都会爱他。

一个在婚姻里失意的读者跟我说过一句话：风花雪月，敌不过柴米油盐。

我听后感触颇深。细想的确如此，再美丽的世事，一旦遇到生活的琐碎，顿时会在柴米油盐的百味杂陈里，被熏染得失了最初的纯澈。

生活的趣味，也随着那一股股升腾而起的油烟味，被染上片片斑驳模糊的痕迹。于是，我们便再也没有了情致，去触摸身边那些其实从未走远的美好。

当我说起这个话题时，读者群里沸腾如海。大家纷纷各抒己见，但是心声都是一致的：谁都喜欢闲情雅致的生活，可是在现实中柴米油盐的海洋里翻滚久了，品读生活佳味的兴致已经被消磨殆尽，现在看来，活得有趣，绝对是一种奢侈品。

《菜根谭》里说:"闲时要有吃紧的心思,忙处要有悠闲的趣味。"这是前人给我们的最好的答案。人在清闲的时候,别忘记自己应该做的事情,要有危机感和紧迫感。但更重要的是,当你真正为生活忙起来的时候,要给自己一份轻盈闲适的意趣,以平衡生活的负累,这样才会走得更加风生水起。

没错,生活很苦,但你要甜,更要甜得有味。

明朝有个女子,是个专一的人,与丈夫恩爱数年,唯愿"愿得一心人,白首不相离"。本以为爱情可以在寻常日子里,一直美好如初。可是,风花雪月,敌不过柴米油盐,丈夫厌倦了琐碎生活里的平凡麻木,于是决定纳妾。

在那个时代,碍于女子的三从四德,她尽管对丈夫纳妾不满,但又不好明说,于是便写了一首隐字诗,婉转地向丈夫表明自己的心意。诗云:

恭喜郎君又有她,侬今洗手不当家。
开门诸事都交付,柴米油盐酱与茶。

诗中,她违心地恭喜丈夫另结新欢,声称自己将退出女主人的角色。开门本来七件事,柴米油盐酱醋茶,可是这位妻子却机智过人,幽默诙谐,她只交付六件,隐去"醋",故意把这种酸楚的醋意省去不说。这种看似云淡风轻、毫不在意的态度,巧妙地掩饰了她内心的慌乱,看上去着实有趣可爱,反倒比大哭大闹,更能恰如其分地表达出她内心的感受。

这个女子实在是高人。

丈夫看到这首隐含着无限眷恋之情,又不直抒胸臆的幽默诗句,立刻回心转意,回到妻子身边。

试想,有这样一个心有意趣的女子陪伴身边,生活怎么会索然无味?

透过这个小小的故事,我想说的是,越是身心紧迫,越要表现出内心不乱的悠然情致,这种临危不惧的心态,才是最高明的生活哲学。

有趣是一种无形的力量,它存在于柴米油盐中,它不脱离柴米油盐,又超越柴米油盐之上。它是一个人的能力,一个把生活过得生机盎然的能力。孔子曾经评论他的学生颜回:"一箪食,一瓢饮,在陋巷,人不堪其忧,回也不改其乐。"

能在最寻常的福气中,找到最简约的乐趣,颜回一定是一个幸福的人。

张爱玲评价唐明皇和杨贵妃的爱情时说:唐明皇爱杨贵妃什么?不是美貌,而是热闹。

杨玉环的可爱在于,她虽贵为贵妃,但却是一个能把最平常的生活过得最不平常的人。她不完美,可是却从不故作清高;她撒泼任性,好吃好喝,但丝毫不影响皇帝对她的爱。

入宫后，某次茶余饭后闲来无事，她和皇上吵嘴被赶回娘家，聪明有趣的杨玉环，细思之后，不急不躁，不哭不闹，而是剪了一缕自己的青丝托人带回，那时发丝是男女寄托相思之物，皇上睹物思人，于是迫不及待将她接回。这才是柴米油盐的生活中小两口过日子拌嘴吵架的日常，床头打架床尾和，情感自然会历久弥新。看过太多三宫六院的美人低眉顺眼溜须拍马的样子，贵妃娇憨可爱的性情更像一股清流，让皇上觉得新鲜有趣。

杨玉环的有趣，还在于她毫不掩饰地喜欢美食，而且尤其喜欢甜食，为此，皇帝专门安排了宫廷御厨，为贵妃制作甜点，供她品尝。她对荔枝的喜爱尽人皆知，于是，便有了"一骑红尘妃子笑，无人知是荔枝来"。除了吃，她还是一个爱酒之人，经常酒后憨态百出，逗得皇帝忍俊不禁。

这仿佛是如今"钻石男遇上野蛮女友"的桥段，波澜不惊单调无趣的死水里，突然间投进一枚别出心裁的石子，于是乐趣无穷间，生活也变得新奇无比。

美丽的皮囊千篇一律，有趣的灵魂万里挑一。最让皇帝着迷的还是杨贵妃灵魂深处那有趣的灵魂：她琴棋书画样样精通，可以温婉地抚琴弹奏；她也擅长骑射，可以潇洒地策马扬鞭。

而皇帝也是有着同样爱好的人，因思想上的共鸣，精神上的共通，灵魂上便有了最深刻的对话。看过他们两人合作的霓裳羽衣曲，就会明白，什么是真正的灵魂伴侣。

后宫好看的皮囊很多,有趣的灵魂却不多,谁的一生不是柴米油盐,皇帝也不例外,而能在其中酝酿出悠然生趣的人,便是生活的王者,这就是李隆基对杨玉环痴恋的关键原因。

有读者问香港作家蔡澜,女人最珍贵的品质是什么,蔡澜回答得很简单:有趣调皮。

蔡澜说:我认为,女人身上有三样品质,即美貌、气韵、魅力。美貌是皮,看得见,但看久了却会腻;气韵是骨,摸得到,但是骨太硬便会不接地气;而魅力是灵,有趣调皮的特质,便是灵动自然的力量。

这样的人就算没有美貌与气韵,也一样可以在不拘一格的幽默感中,把平凡的生活过得趣味无穷,和这样的人在一起,舒坦,不累。就像我们曾讲述过的《浮生六记》里沈复的妻子芸娘,这样一个可爱又有趣的女子,就算生活再平淡无奇,她也一样可以用闲闲而过的从容和赤子般的天真,为生活镀上一层瑰丽的色彩。

这也不禁让我想起一个朋友,她的婚姻很幸福,她也是一个总能在柴米油盐的间隙里发现生活佳味的女人。

一次与其闲谈,聊起她与老公的生活趣事。她说:以前每次吃完晚饭后,他们除了做家务就是处理第二天的工作,一度把日子过得紧张而萧索。好在高情商的她,懂得如何调剂乏味的生活,有一段时间,她把家里的书房改造成了游乐场,里面设计了他们恋爱时曾经去过的地方，摆满了他们恋爱时买的东西，并将其取名为"青春时光"。每到晚饭后，她便和老公牵着手在里面回味曾经的美好，她有时还会调皮地和老公玩捉迷藏，她藏在某个角落，兴奋地喊着："快来找我呀，我在这里……"

每年假期，处理完工作后，她都会拽着老公说："陪老娘旅游去，不然老娘艳遇去……"老公看着她娇憨可爱的样子，再加上这份幽默气氛的烘托，绝对是百依百顺，言听计从。

她家住在顶层，某次站在阳台上看飞机，一阵风吹过，她新买的价值不菲的帽子被风吹跑。于是，她突发奇想，将房子的屋顶改成玻璃顶窗，以便看飞机。老公已然习惯了她不按规则出牌的个性，自然是默许的。不久后，玻璃屋顶建成，他们便经常躺在床上，手握手，看飞机飞过，看繁星满天……

在平凡琐碎的生活中，总有一些灵光乍现的瞬间，等着我们去采撷。懂得发现和制造生活趣事，把单调枯燥的柴米油盐过成一片繁花似锦，这就是最好的生活注脚，这就是最好的岁月无恙。就算现实中依旧有繁杂、有忙碌、有争吵、有痛苦，但是，因为有了有趣的灵魂，生活便也有了令人期待的佳味。

也正如文中一开始说到的：风花雪月，敌不过柴米油盐。这个世界上不可能没有柴米油盐，而对生活熠熠生辉的热爱，却能让琐碎的日子变得不再腐朽，于是，理想中的风花雪月，便在有趣的灵魂里凝

第五章

在机会断裂的颠簸里，
抖落一鸣惊人的精致和滚烫

世事落差的惊慌失措后，乐趣的切换是另辟蹊径

生活就是这样，给你晴天历历，也不忘给你落木萧萧。而世事沉浮起落间，我们完全可以在乐趣的转换里，另辟蹊径，用那些浪漫趣事，煨暖萧瑟生活里的冷寂。

世事总在不经意间沉沉起落着，完全不在我们的掌控之内。

于是，人世间便有了无可奈何的世事无常。我们每个人都身在其中，无一幸免。

唯一不同的是，人们在面对浮世颠沛时两种心境下的两种结果：一种是悲悲戚戚，默然接受；一种是对饮时光，另辟蹊径。

生活就是这样，给你晴天历历，也不忘给你落木萧萧。晴天与落木之间的落差，是世间所有悲伤的引子。但是既然有落差，也会有桥梁，落差会让我们沉沦，桥梁却能让我们从阴霾重重走向晴天朗朗。

而这个引申为桥梁的通道，就是乐趣。

世事沉浮起落间，我们完全可以在乐趣的休养里，另辟蹊径。

我的一位远亲，颇有经商头脑，高情商加高智商，一度让他商海

得意。

只是世事无常,十年河东十年河西,谁都不知道明天会发生什么,就算一个人再叱咤风云,也抵不过命运的摆布。

十年后,他的商业帝国宣告破产。

习惯了奢华富贵的一家人,被迫从锦衣玉食的生活回到陋巷故居。所有的伤害,都是从对比中产生的,一朝天堂,一夜地狱。那是怎样的一间房子啊,不但断墙残垣、颓败陈旧、蛛丝网结,而且四壁连一扇窗户都没有。

阴暗的环境、沉闷的气氛与压抑的心情,困扰着一家人。

但他从未因为悲伤而停滞快乐的脚步。他说:"起初也有过心理落差,毕竟骤然从高处落到低处,这种失意感在所难免。但是就算掩面悲泣,也换不来岁月的怜悯。更何况,就像张爱玲说的,你笑,世界都会跟着你笑;你哭,却只能是暗自神伤。所以倒不如抛开世事沉浮,找一些缓解压力的乐趣,让这种乐趣成为一条通道,也许就可以迈过这个坎儿,重新回到晴天之下。"

每一个生命阶段,都是上天最好的安排,一切都是新的开始。

于是,从那天开始,他便养成了一个习惯:每天拿出一张白纸,贴在墙上,信手在上面画一扇大大的窗户。他还会带着家人,在窗户上画上自己最希望看到的事物。有时,他们会画上一轮灿烂的太阳,仿佛幽暗的生活里顿时照进了明媚的阳光;有时,他们会画上几棵碧绿葱郁的大树,仿佛单调的世界里突然有了枝繁叶茂的希望;有时,他们会画上一架飞速旋转的风车,仿佛沉寂如死水的日子里瞬间便有了幸福飞旋的快意……

画着画着,一家人的生活里便有了欢声笑语,阴暗的小屋里,顿显生机勃勃。

多年后,本是学室内设计的他,成了当地的知名设计师。他设计的房间里,都会有阳光照进窗户的元素,这样的元素,也深受客户的喜爱。

他说,后来的成功灵感,皆来源于那些年,在失意中填补了岁月苍白的小小乐趣。

由此我想到了李清照的一生。旷世才女,一生注定起落不定。但是这个心似莲花的女子,因为内心世界的丰盈,所以,她总能在风雨飘摇的人生里,带着那一份安闲自得的雅趣,与时光对饮。

就像苏轼词里说的:"世事一场大梦,人生几度秋凉。"

李清照与赵明诚的生活,本是人人羡慕的才子佳人,豪门绝配。可是再美好的人生都敌不过世事无常,有些时候,走着走着,静好的岁月里便烽烟四起,让人措手不及。这也是很多人不快乐的真正原因。

就像现在的我们,无数次的努力和追逐后,所有的希望瞬间化为泡影,仿佛人生从此再也没有可以依托的地方,眼前所有的机会似乎都已经断裂,再也没有可以衔接的机会。而越来越不甘心的执念,会在每一个痛苦的日子,将所有的不幸放大,也将所有的快乐吞噬。

这是我们都曾遇到过的人生难题。

李清照也一样,那些年,在短短五年的时间里,她经历了人生的颠沛起伏。起初,父亲因为党派之争被罢官,身为女儿的她自然也受牵连。后来本以为时过境迁,日子便可以重新回到最初的安稳模样。可不料公公赵挺之也因党争被罢黜后抑郁离世,丈夫赵明诚被贬为庶民。

就这样,李清照的生活又被推向深渊。

内心的萧条总是会有的,谁都不是圣人。可冰雪聪明的她知道,悲伤只会让处境更落魄,唯有让世事浮沉皆不挂心。心不乱,事就不乱;事不乱,出路便清晰。

她丰富的内心世界,看到的是更广阔的天地。

于是,夫妻二人经过协商,打算回到青州老家,过休养生息的日子。既然知道世事无常,那又何必抵死执着。不如回到山水草木间,远离世事牵绊,看细水长流。

没有了苦心孤诣、机关算尽,他们在青州的日子过得趣味无限。

于是,李清照有了"易安居士"的雅号;于是,他们的生活里便有了清风明月般的无限生趣。那时,他们会泛舟湖上,看一帘月、几朵云,看落霞孤鹜,她还会即兴翩翩起舞,正当他看到尽兴时,她弯腰撩起水花泼到他脸上,他也撩起水泼向她,两人笑着叫着,惊起一滩鸥鹭。

他们也会到山间看春柳草青,看湖上风来波浩渺。他们走在水边,水打湿了鞋子。赵明诚脱下鞋,像个孩子一样踩着水花。李清照看在眼里,着实羡慕,碍于那个时代女子的规矩,她不敢脱鞋。他懂她,看着她傻傻站在原地的样子,抱起她,帮她脱掉鞋子。于是,两个光着脚的顽童,在水边嬉笑追逐,在"清露洗"里,溅起一片片幸福的水花……

李清照喜欢梅花。那天,饶有情致的夫妻二人,在院子里摆了桌椅,备了小菜,一边赏梅花,一边对饮。看到欣喜处,李清照兴致大起,提议两人进行"故事大赛",谁讲的典故不正确,谁就要被罚酒。赵明诚爽快答应。和有趣的妻子在一起久了,他也爱上了这有趣的游戏。

他讲了一段精彩的故事之后,满满斟了一杯酒,并意味深长地看着她,意思是,如果你的故事没有我的精彩,就要甘愿认罚了。李清照不甘示弱,也同样奉上了一段精彩的故事。故事讲完后,两个人相视哈哈大笑,一起干掉了各自杯里的酒。

他们的浪漫趣事,煨暖了萧瑟生活里的冷寂。

数年后,因为父亲沉冤昭雪,赵明诚成了莱州太守。他们的日子,又有了崭新的开始。

他们知道,那些年沉寂中的潇洒,并不是为了今日的重生,但是因为有了那些年的悠然心境,才有了变得更好的现在。

由此,我不由得想到了演员张颂文。

一部《狂飙》把寂寂无闻的张颂文推到了大众的视野中，他炉火纯青的演技令人折服，也正是因为演技太好了，观众都调侃他就是本色出演。其实，成名前的张颂文也经历过一段漫长的人生蛰伏期，身为一个演员，他曾在数不清的否定声中饱受心灵落差的折磨，最惨的时候，一年面试三百多个剧组都被拒绝了，因为找不到演员的工作，张颂文只能选择在无人问津的角落等待时机。

成长是一场疼痛的蜕变，然而张颂文在世事落差里，并没有就此偃旗息鼓，而是学会了用乐趣来另辟蹊径。很多网友在翻张颂文以前的微博时发现，他的文章很有深度，大部分内容都是关于他对生活的感悟和觉醒，于是人们纷纷惊呼，原来张颂文也是一名文艺青年啊。他早期发表在文学期刊《天涯》上的散文《在心里点灯的人》，居然作为现代文阅读题的材料，出现在了贵州省的试卷上，很多网友看了这篇文章后大呼"强哥"文采好，还有人隔空喊话说"张老师来做题了"。张颂文还曾在《读者》发表过一篇纪念母亲的文章《火柴天堂》，文中他用温暖细腻的文字，形象生动地为读者展现了一位好母亲、好医生的形象，读起来让人不禁泪目。

由此可见，散文就是张颂文晦暗人生里另辟蹊径的一段闲情逸趣。在散文的世界里，张颂文用通透美好的觉醒对抗着满是遗憾的世界，散文带来的乐趣是他疲惫生活里的解药。于是，在张颂文的心里，似乎没有不能原谅的事儿，也没有不能跨越的磨难，所以，在那些无解的人生命题里，人间清醒的张颂文一直在以自己的方式过着意趣横生的生活。就像他自己说的一样,"其实一辈子很短,人生怎么快乐就怎么过,营造一个有趣又有质感的人生,要比什么都强"。

没错,生活是一道特别玄妙的命题,很多人认为,生活的品质决定了生活的状态,其实恰恰相反,是生活的状态决定了生活的品质。

以什么样的状态,描绘生活中的每一种遇见,便有什么样的生活品质。遇见人生盛景,手里的笔触自然色彩斑斓。而在遇见风、遇见雨、遇见世事沉浮起落时,落笔时的色彩便显得尤为重要:灰暗的色彩,模糊了该走的路;明亮的色彩,却可以照亮此岸与彼岸。

而炫亮那些明亮色彩的基调,便是那一抹轻轻巧巧的"意趣",足以让所有的失意,在峰回路转间另辟蹊径……

在生活颠簸的失重感里，明明一落千丈却偏要一鸣惊人

人生是一场修行，不经历风雨飘摇，就做不到意趣从容。风雨里的心思凄冷，只会让寒意更加彻骨，倒不如携一缕暖暖的情趣，一点点让甜意渗透到生活的细枝末节里，所有的苦寒，便也无处遁形。

很多人喜欢探讨一个老生常谈又俗不可耐的话题：什么是生活？

不谙世事时，总是不知道该如何总结这么笼统又高深的话题，因为生活这个命题，太宽泛深远，真是不好解释又不好理解。

我说，当一个人真正读懂生活后，就会深刻地参悟到，所谓生活就是一个字：变。

有很多读者问我：一个"变"字，就可以概括生活的全部意义吗？

你看"变"的笔画，上面像一个"亦"，意思是"又"，下面一个"又"。整个字的意思便是，无数个"又一次"，无数个变幻不定的物事组成了生活。

于是，便回到了我们要说的主题：生活就是无数个变幻莫测的起承转合。

很多时候，走得最快的，都是最美好的时光。因此，我们是如此

珍惜想要留住的幸福，总是惧怕这些美好突然有一天变得渐行渐远、遥不可及。

我们害怕生活里那些想要抓住的东西，突然有一天从生命中抽离，所以才那么小心翼翼地守候着心底深处最在意的一切，渴望它能以不变的姿态驻留，永远是最初的模样。

可是时光，不会永远美好如初，不会永远平静如水。

世事风波里，曾经的美好，开始在颠簸中变得纷乱。

起承转合，生活的形态就是如此。

每个人的人生都有风云变幻，只不过面对的事情不一样而已。谈及王维，总会想到他那"诗中有画，画中有诗"的文学意境。殊不知，王维唯美的诗句之下，修得的是一颗在纷乱世事中的从容之心。他的一生充满传奇色彩，能在世事颠沛和事业需求之间游刃有余，并能在把握机会的同时自在地活着，这就是他身上最深刻的标签。

王维很小的时候，就经历了人生的幽暗期，年仅九岁，他的父亲便过世，在那个还需要父爱的年龄，他就和母亲担起了照顾年幼弟妹的重任。家庭的变故，并没有搅乱他平静的内心，艰难的生活中，他伴着才华成长，十五岁的王维已经可以出口成章了。

为了父亲的夙愿，也为了给自己的未来更多的机会，这位少年独自离家远游，闯荡长安。凭借着极高的情商和才华，他很快便成了京城贵族圈里的名人。

本来在二十一岁高中状元,仕途风光之时,命运却又一次将他打入谷底。那是一次无心的错失,惹怒了皇帝,王维被贬了。念去去,千里烟波,终是楚天辽阔。在遥远的济州,他被降职为看管粮仓的小官,明珠暗投,一身才华无处施展,本是伤感落魄之时,可心有意趣的王维,硬是把萧索的生活过出了修身养性的意境。

生活那么美好,哪有时间哀怨?闲暇之余,他与当地的隐士歌舞弹唱,吟诗作画,游览名胜古迹,那日子过得真是不亦乐乎。

在世事的起承转合里,他却依然能在自在的心态中,不慌不乱地理出个横平竖直来。

不管外面的世界如何风云变幻,王维却在自己处变不惊的精神世界里怡然自得。皇帝让他出使边塞,他便在"大漠孤烟直,长河落日圆"的广袤天地间,带着闲趣远离喧嚣与羁绊,于天苍苍野茫茫的地方,看山看水,听风听雨。就算边塞生活清苦,也绝对不会消磨他临风对月的心境,拉上三五好友,闲时左手酒杯,右手诗行,逛逛山林,看看日出,清静无为的生活,成了他灵魂的依靠,从此他便爱上了这种半仕半隐的生活。

还是那句我们常常吟诵的:"行到水穷处,坐看云起时。"水不见了,那又如何?只要心中有阳光,一样可以静待云起。身边的一切就像是风过叶落的自然规律,就算生活不停地起承转合,他也一样可以走得寂静无声,不带走半分浮华。

心有闲趣的人,也必心有安处。

我无数次在我的书中，提到他的故事。

他是我曾经的同事，在大家眼中，他是一个热爱生活且很懂生活乐趣的男人，总是能把简单的生活过得兴致盎然。

无独有偶，在一次公司年度体检时，他查出了肠癌。拿到结果的那一刻，我们第一次看到他无助的一面，那落寞的背影里，写满了生活无常中的无奈。

生活对人的折磨，是不遗余力的，仿佛只是刹那，静好岁月里便狼烟四起。从此，他的世界陷入灰暗，原本家庭条件并不算富裕的他，要不断借助外界的帮助才能支付昂贵的治疗费用。

尤其是在治疗期间，化疗的副作用频频出现，脱发、头晕、口腔溃烂，种种折磨让他夜不能寐、食不能安，而且还需要不断地输入营养液才能确保身体的能量。有时，看着自己的身体每况愈下，他也曾在万念俱灰中想过结束自己的生命，悄悄地离去，从此不拖累别人，也不折磨自己。

但是，当他想到那个不离不弃，日夜陪伴照顾他的妻子，和那个等待着自己康复后一家团圆的女儿时，他知道，她们就是自己这一生最深的牵念，他不能让妻子没了丈夫，女儿没了父亲，他必须在她们的背后，用羸弱的身躯，支撑起生活沉重的叹息。

生活总有起承转合，关键是如何在纷乱世事中理出个头绪。

生活总要经风又经雨。想通了以后，他又回到了曾经那个满心生活意趣的状态，在医院接受治疗的期间，他重拾自己一直以来的兴趣爱好——画漫画绘本。

　　早春的窗前，他不再心思沉重，他甚至觉得以前那段时间的沉沦，是对美好时光的亵渎。从现在开始，他要珍惜活着的每一天。于是，窗外的风景开始变得生机勃勃，他看到一位母亲带着孩子在草地上玩耍，小男孩张开胖乎乎如莲藕般的手臂，在风中跌跌跄跄地奔跑着，因为大笑而兴奋张开的嘴边，口水顺着嘴角流了下来，在风中划出一道晶莹可爱的弧线……他看着看着便跟着孩子一起笑了，这有趣的瞬间，被他捕捉到了漫画中。

　　那一天，妻子在厨房里做饭，他坐在客厅里看书。一抬头，便看到妻子汗津津的脸上，一缕头发落了下来，垂在脸颊旁，妻子顾不得将一捋头发，继续忙碌着。这时，女儿推门跳了进来，欢呼雀跃的样子像一只开心的小麻雀，红通通的脸上泛着甜美的笑意，她跑到妈妈身边，抱着妈妈便是一个甜甜的吻。转身之际，这鬼丫头来到他身边，突然伸出背在身后的手，在他的脸上抹上蛋糕奶油，并高喊着，爸爸生日快乐……于是，一家三口，在嬉闹追逐中把彼此抹成大花脸……那场景，幸福得不得了。这有趣美好的时刻，留在了他的漫画中……

　　这些凝聚着美好情趣的生活小故事，渐渐地吸引了很多读者，他也有了很多粉丝。很快，他成了有名的漫画家，曾经困扰他的昂贵医疗费用，如今已经不再是生活难题。

　　三年后，医生告知他的癌症没有恶化，并得到了有效的控制，与此同时，他也收获了成功的事业。他说，如果不是当年心底荡漾起的那一抹生活乐趣，他也不会成为如今更好的自己。

在变幻莫测的流光里，看清世事沉浮起落，并能在纷乱中理出个横平竖直，是一种能力和修为。时光里，有如水温柔，也有如霜冷漠，我们总会在匆匆行走间，遭遇暴风骤雨。

人生是一场修行，不经历风雨飘摇，就做不到意趣从容。风雨里的心思凄冷，只会让寒意更加彻骨，不如携一缕暖暖的情趣，一点点让甜意渗透到生活的细枝末节里，所有的苦寒便也无处遁形了吧。

在细节中保持浪漫，在清雅中保持别致。因为真正的强悍，是在生活颠簸的眩晕里，本会一落千丈却偏要一鸣惊人。

左手在失去里翻江倒海，右手在意趣里遇水架桥

左手在失去里翻江倒海，右手在意趣里遇水架桥。失去后的心痛，还需要顿悟后的那一点点心灵的意趣来化解。活得有趣而美好，是对自己和所爱之人事最好的安放。

有人问我，励志书存在的意义是什么？

我说，这个世界的悲欢离合，是自然存在的主旋律。而所有的悲欢离合，都开始于"失去"。

从某种意义上来说，生活中的我们，都在得到着，也都在失去着。有时，得到后失去，比一无所有更痛苦。可是有时，我们却也都在期盼着每一个等待了很久的得到，不是吗？

得到与失去，就像是不断交替的轮回，绞痛了每一段悲欢离合的无奈。于是，我们便需要治愈系的文字，抚平每一道伤口。

很多时候，站在"失去"前，我们是那样的惶恐无助。那是怎样的一种不舍，看着在浓烈的情感中蔓延而生的深爱之物，在某个猝不及防的时刻，突然消失得无影无踪，想要伸手抓住，却是那么无能为力，心仿佛瞬间被击碎，被抽空。那份悲怆，怎一个痛字了得。

时光带来的伤痛,总是不遗余力。所有的纠结,都是一次次撒向伤口的盐,让每一次揪心的裂痕雪上加霜。但是,生活终究要往前走,失去了,那就痛吧,那就哭吧,压抑不如释放。只是,哭过痛过后,抹去浸到肌肤伤口上的盐,抬起头望向天空,让阳光从指缝间渗透,告诉自己,好好活着,便是对失去之物最好的追忆。

他的故事,在我的一次采访中,慢慢浮出水面。

他和朋友是发小,从小一起长大,家乡的每一处角落里,似乎都留下过他们玩闹游荡的身影。再后来,他们一起上中学,进入同一个班,毕业以后,考入同一所大学,每天朝夕相伴,就那么自然而然地,他们似乎已经融入了彼此的生命,谁缺了谁,都不是一个完整的个体。

他们曾经约定,将来,谁先结婚,另一个人就做伴郎,在生命中最重要的那一刻,见证好哥们儿的幸福。他们曾经约定,将来他们的孩子们,要像他俩一样情感笃定,彼此扶持,把这份最美好的情意一代代传承下去。他们曾经约定,当老了,两家人的房子要买在一起,那时,他们可以一起坐在海边,听海浪如歌;一起坐在黄昏的长椅上,看夕阳满山……

他一直觉得,在这个浮躁的时代,能拥有这样纯澈的哥们儿情,实属不易,所以才显得特别珍贵。

那一次,发小的婚礼如约而至。他们没有忘记第一条约定,等待着在婚礼上去兑现彼此的幸福盟约。而那个午后突如其来的一个电话,划破了曾经的宁静,电话那头,是朋友未婚妻焦急慌乱的声音:他出了车祸,生命垂危,弥留之际想见他。

他脑子一片空白,狂奔到医院时,朋友已奄奄一息,握着他的手,留恋地看了他一眼,道了句珍重,便匆匆而去……

他第一次感受到失去挚友的疼痛,那是深深压在心底的悲怆,无从宣泄,仿佛突然堵在心里的一块石头,让他喘不过气来。手掩着胸口,他跌跌撞撞地跑出去,风在耳边呼啸,泪水在风里被吹成无数个飘零的泪珠,一滴滴从耳边划过,那种冰冷的触感,一次次把曾经的记忆唤醒。

泪眼里,他看见了他们曾经一起走过的某条小路,朋友鲜活的样子,仿佛还带着余温,在过往的记忆里,他们搭着彼此的肩膀,说着要做一辈子的老铁……

泪眼里,他仿佛看见朋友从背后跑过来,重重地给了他一拳,嚷嚷着要把上次输掉的篮球比赛再赢回来,那张洋溢着青春的脸,那么真切,仿佛就在眼前……

泪眼里,他看见他们的手握成拳,"吭"一下碰在一起,嘴里还高喊着,"一、二、三,加油",他明明看到朋友汗津津的额头上,闪着明亮的光芒,那傻笑着咧开的一口白牙,灿烂得似乎可以照亮一切黑暗……

可这个曾经在自己生命中鲜活朝气的人,就这样突然间消失得无影无踪。他觉得那一刻自己的生命,也被抽离得只剩下空壳……

后来的日子里，很久以来，他都生活在失去挚友的痛苦中，回忆多么清晰，悲伤就多么诛心。

走不出来，每一天的日子都是幽暗的。那一天，他无意中翻到了朋友以前的日记，他看到了一段话：这一生，我有很多事想去做，我想活得有趣，体验不同的生活激情。

忽然，他沉浸在痛苦中的心被击醒：他决定从阴郁的心情中走出来，带着自己和朋友的夙愿，把朋友没有经历过的有趣生活，都经历一遍。

他仿佛又回到了从前阳光灿烂的日子。在鸟语花香的清晨推开窗，让阳光洒进阴暗已久的房间，舒展身体，吃一顿健康的早餐，迈着轻快的步伐上路，看着人们在忙碌中不失微笑的脸，并带着愉悦的心情开始一天的工作，让每一天的精彩，在努力中闪光。

回到曾经和朋友一起度过年少时光的篮球队，耳边响起了朋友的声音：我一定会成为灌篮高手。多好的梦想，那就让我们一起去实现吧。于是，他开始在篮球场上奔跑，一个带球转身，一个腾空跳跃，一个精彩扣篮，流着汗的脸在阳光下熠熠生辉。这些有趣的时光，是他对朋友最好的怀念。

爱情是青春最好的旋律，他虽然不曾体验，却是如此渴望。那年，他遇到了心爱的女孩，开始一段缠绵浪漫的恋爱。每一天，都会有爱的惊喜，擦亮年轻的基调。兄弟，这样美好的爱情，我体验到了，你也感应到我的幸福了吧。他在心里这样对朋友说。

此后，他还去了曾经和朋友约好一起去的远方，看山川湖泊，看这个世界最美丽的风景……

就这样，他在一段"自我疗愈"里，找到了生命新的起点。

这不禁让我想起了汶川女孩廖智的故事。那场突如其来的汶川地震，不仅夺走了廖智的双腿，还夺走了她年幼的女儿，接踵而来的打击后，丈夫的狠心离去又让她的痛苦雪上加霜。一场又一场残酷的"失去"一度摧毁了廖智的精神，她也曾跌入痛苦的深渊一蹶不振。

但是万念俱灰的蛰伏后，她决定勇敢地捡起破碎的自己。于是，她戴上义肢，重新投入自己热爱的舞蹈事业。虽然在完成舞蹈动作时，断肢脆弱的截断面需要忍受极大的痛苦，但她还是咬着牙坚持了下来，并最终完成了所有舞蹈动作。

2011年，戴着义肢的廖智在电视节目《舞林大会》上，以精湛灵动的舞技惊艳了所有人，她用鲜活的励志精神向人们诠释了一件事：每一个不曾起舞的日子，都是对生命的辜负。很快，人们便不再关注她的残缺，而是把目光都放到了她精美绝伦的舞姿上，人们甚至忽略了她破碎的美，她也在用行动告诉公众，每一个经历过颠沛流离的人，都能在自己的舞台上风生水起，绽放艺术的魅力和光辉。

在最近播出的一档真人秀节目《舞出我人生》中，廖智站在聚光灯下，飞舞的身影里旋转而出的，满是她对生活五彩斑斓的梦。当然，廖智的乐趣不止于此。她开始在极限运动中，一点点发掘自己内心的不屈和狂野，在2013年上海国际马拉松赛上，戴着义肢的她竟然跑完了漫长的五公里,她说当时的自己并不只是在完成一项体育运动,而是在奔跑中完成"遇水架桥"的心灵蜕变。2014年,她又摇身一变成了励志片《深情约定》的女主角,用影视剧的形式向人们不断传达苦中作乐的精神……

一次又一次,廖智不断通过穿透阴霾的力量告诉大家,任何时候都不要因为生活中的"失去"而失去快乐的力量,只有努力绽放光彩,才能在颠沛流离后风生水起,才能在温暖自己的同时照亮他人。

如果此刻你打开抖音视频,一定可以看到涅槃重生的廖智,在经历了人生中最惨烈的苦难后,依然可以重启人生、翩翩起舞的精彩模样。廖智也在用自己的故事告诉我们:失去的一切终将在不曾被辜负的日子里,强势回归。

左手在失去里翻江倒海,右手在意趣里遇水架桥。失去后的心痛,还需要顿悟后的那一点点心灵的意趣来化解。

活得有趣而美好,是对自己和所爱之人事,最好的安放。

让"那几朵阴云"如刀,劈开压力,还你一身奇迹

人生那么短,光阴那么长,沉湎于过去,只会错过眼前的美好。与其让"那几朵阴云"凌乱了生活最初的清雅别致,不如,让"那几朵阴云"如刀,劈开压力,还你一身奇迹……

徐志摩在《再别康桥》里说:"悄悄的我走了,正如我悄悄的来,我挥一挥衣袖,不带走一片云彩。"

当初来时的情景,他没有忘记,无论天空云卷云舒,他依然是曾经的模样。哪怕乌云滚滚间,很多事已被席卷得面目全非,但是心底依然会涌现出生活最初的清雅别致。否则,所有时光,就真的只剩下那一片阴云,和阴云覆盖下的黯淡无趣了。

于是,这样心有意趣的徐志摩,看到了阴暗背后的盛景繁华:

那是夕阳余晖映衬下的堤岸,岸边的柳条被染成了金色,仿佛新娘般浑身散发着熠熠的光辉。水波粼粼中的美丽倩影,在我的心头荡漾成一世的温柔。青荇在柔软的泥土上蔓延,带着油亮的光泽伸入水底。

那一处柔波啊,惹得我此生只愿意做一条水草,在彩虹般的浮藻

间寻梦；撑一支竹竿，在青草深处，载一船星辉，在星辉里放声歌唱。但是，我又不敢放声歌唱，因为，悄悄是离别的笙箫，沉默是最好的光阴……

这是怎样的意趣在心，才会看到如此雅致的岁月。

她的故事曾经激励了很多年轻人。

那一年的她，深陷失恋的痛苦，一度绝望到开始怀疑人生。生活仿佛从此再也没有了曾经的清风明月，而是深不见底的世事无常。所有的日子都变得黯淡无趣，叹息也跟着悲伤疯长。

生活需要乐趣和激情，可是她找不到释然的出口。每当想到那些爱意缠绵的日子，心就会撕裂般地疼痛，而失恋的沉沦，又阻挡了工作的激情，她一度觉得自己是一个被爱情和事业遗忘的人。

一段时间后，迫于生计，学历不高的她往返于各种面试。几经波折，经历了无数次打击后，她终于进入一家商场做了导购。不善言辞的她，再加上原本沉郁的心情，起初总是不知道该如何和顾客相处，口是心非的言语，强忍欢笑的假面，似乎一次次将内心的悲伤在压制中扯得生疼。

生活是矛盾的，放弃不喜欢的工作会有危机感，做着不喜欢的工作会有压迫感。但是为了生存，人总要向现实妥协。于是，她还是决定好好把这份工作做下去。

那一天，一个顾客因为她的一点点疏忽，便对她颐指气使，恶语相向。起初,她不断地低着头赔礼道歉,可是对方始终不依不饶,得寸进尺,最后她甚至提出经济补偿,对方还是气势汹汹地指责了她三个小时。那一刻,对方所有的咆哮,都像刀子般扎进她的心里……

四个小时后,被老板辞退的她,站在人流涌动的街头,竟然不知何去何从……此后很长的一段时光,她的生活里都是落寞烦闷,仿佛此生将会与有趣的生活再无交集……

一年后,爱好摄影的她,背着省吃俭用买来的相机走向了远方,那是一处宛若世外桃源的村舍,小桥流水,暮光炊烟,是心情最好的安放地。

春江水暖的日子,一排野鸭扑簌簌掠过湖面,用相机抓拍的那一刻,生活的美扫去了她内心的丝丝尘埃;染柳烟浓的暮春,骑在牛背上的牧童在仰头大笑之时,从牛背滑落,那滑稽的一瞬间,被她抓拍下来时,她的脸上洋溢起了发自心底的灿烂笑容,心底的尘埃,随之丝丝飘远;云蒸霞蔚的傍晚,坐在屋里吃饭,邻居家的小男孩,忽然牵着一只羊进屋,小孩跌跌撞撞的脚步,和小羊踢踢踏踏的蹦跳交会在一起,简直妙趣横生,她举起相机拍下来的那一刻,自己也跟着哈哈大笑,那笑容,一点都不勉强,心底的尘埃,也变得荡然无存……

那时的日子,每一天都是意趣满满,她像是重新活了一次一般,曾经的悲伤,只是生命的冬眠,春天来了,一切都是最美的开始。

两年后,她投稿的摄影作品获得摄影大赛一等奖;三年后,她成了知名摄影师,作品享誉海内外。

乐趣，在改变坏心情时，改变了生活质量，也改变了人生方向。乐趣，就像躲在生活阴云背后的柳絮，它就藏在你的愁眉里，当你转过头，看向别处时，乐趣就会随风而来，机会也会投入怀抱，"驻"进心里。

朋友给我讲过一个故事。

记得那年新冠疫情刚刚发生的时候，很多人都被隔离在相对的安全区，朋友和几位女同事也被隔离在公司的宿舍里。

在那样的境况下，可想而知，每个人都活在恐慌之中，每天不停报告的新增病例和死亡人数，如一把在黑暗中无形射过来的利剑，直接刺在每个人紧张敏感的神经中，让大家惶惶不可终日。

除了外出吃饭的时间，她们都会把自己关在宿舍里，每天被恐惧包围着，没有任何的生活乐趣。有一些年龄小的女孩，经常抱在一起哭，仿佛生活随时会大难临头。还有一些女孩，时而抓着头发沉思，时而大声咆哮，发泄着自己内心的压抑。

其中，只有一个女孩，表现得很平静。她总是拍着大家的肩膀，安慰着每一个人，告诉大家：一切都会过去，一切都会好起来。

后来，女孩发现鸡汤式的安慰，并不能让大家真正重新发现生活的乐趣。

于是，她有了一个大胆的想法：和大家一起开辟一个菜园子，种上各种蔬菜。她们的公司在工业园区，宿舍前面有一片空地，完全有条件种植。她的提议起初没有人响应，后来大家想，反正也没事干，就当打发时间了。

此后，一到午饭晚饭后，她们就会去种菜。一开始，大家还是提心吊胆的状态，后来，一帮叽叽喳喳的女孩子，挖土打水浇水施肥，忙得不亦乐乎。旁边宿舍的女孩们也来帮忙，菜越种越多，地越拓越宽，最后竟然变成了一派绿意盎然的风光，人们总能看到她们在树下采摘打闹的身影。那一抹动人的绿色，让无趣的隔离生活渐渐变得有趣起来。

再后来，她们在门前拉起了一个简易球网，组建了一支排球队，阳光下，她们跳跃的身影，挥舞的手臂，灿烂的笑脸，是那么风雨不惊，竟把死气沉沉的隔离区变成了生机勃勃的"趣味天堂"。

真实的生活，悲喜聚散，是一种常态。悲伤沉闷，苦恨缠绵，都不能让光阴变了轨道。

人生那么短，光阴那么长，沉湎于过去，只会错过眼前的美好。悲伤会隔断美好的延续，而乐趣却会让看似沉寂的人生峰回路转。与其让"那几朵阴云"扰乱了生活最初的清雅别致，不如，让"那几朵阴云"如刀，劈开压力，还你一身奇迹。

第六章

凌迟所有无能为力,与江湖亲友虚度"无意义"的时光

无能为力是绝望的风口，爱的妙趣是出逃的风向

所有无能为力的生活背后，都有一处情感的摆渡湾。在我们卸下生活的一切负荷和伪装后，可以和最爱的人，用最洒脱的手法，把细水长流的日子雕琢成妙趣横生的倾城模样。

世间，总有许多的无能为力，横在岁月的行板上。

总有那么一些时刻，不知道为何，生活忽然就变成自己从未曾想过的模样，事情忽然就跳跃到了某个自己最不愿发展的方向。那种突如其来的意外，就像是急转而下的刹那坠落，一瞬间，连反应的机会都不曾有，曾经的世界就在起起落落间发生了翻天覆地的变化。

不经意间，花落了，月缺了，快乐也黯淡了。所有的一切都在无奈中沉沦，而心也如乱世一样，变得无枝可依。谁不是拼尽全力，只为活得更好，可有时，拼尽全力地寻寻觅觅后，留下的可能是无能为力的冷冷清清。反复地追问了无数个为什么后，终于发现，所谓生活，就是接受一切的事与愿违。

但是，只要你肯回头就会发现，所有无能为力的背后，都有一处情感的港湾，在你天涯漂泊、几经沉沦之际，那些爱的慰藉总在世间

最温暖的地方闪耀,等待着你悲伤落定,他便伸出那一直牵挂着你的手,抚平你的伤口……

当拼尽全力变成无能为力时,人生的乐趣就在于:回头停靠间,留一份余力,与世间亲友,温一壶爱的淡酒。

杨绛在《记钱锺书与〈围城〉》这篇文章里,讲了很多关于钱锺书在生活中的"淘气"趣事。他给妻子画大花脸,在女儿的被窝里塞扫把,帮猫打架,看西洋淘气画……桩桩件件,都是趣味横生的生活琐事。

在杨绛的父母先后去世后,重情重义的钱锺书知道,自己从此就是杨绛唯一的亲人了,于是他便悉心陪伴在她身边,虽然那时的生活颠沛流离,艰辛无比,可每一天的乐趣无限,却是他们爱情生活的最美绽放。

钱锺书,是一个无论何时何地都能制造趣味生活的人。他喜欢看儿童动画片,尤其爱看电视连续剧《西游记》。每次看都会身临其境般跟着剧情各种比画,手舞足蹈间,一会儿化身悟空,金箍棒一挥,来个腾云驾雾的翻滚;一会儿化身猪八戒,来个大闹高老庄,"老孙来也","猴哥救我",俏皮搞笑间,尽显时光的妙趣。

女儿出生后,更是为他们的生活带来了无尽的乐趣。钱锺书孩童般的"稚气"这时更是显露无遗。某次,杨绛临摹字帖时,一时困意袭来,便趴在书桌上睡着了。当她沉睡在梦境中的时候,调皮的钱锺书在她全然不知之际,用饱蘸浓墨的毛笔,给她画了个大花脸,醒来后,她看着钱锺书莫名其妙的狂笑,一照镜子,才发现自己的脸已经被画得面目全非。杨绛摸着脸,与钱锺书一起捧腹大笑。

后来,钱锺书把调侃的注意力转向了女儿。那一次,正是炎炎夏日,三岁的女儿半张着小嘴巴正在酣睡。钱锺书宠溺地看着女儿微红的小脸蛋,父爱在心底泛滥,于是便拿起毛笔,以自己幽默诙谐的爱的方式,在女儿肚子上画了一个笑脸。女儿醒来后,看着自己的肚子,一脸茫然,夫妻俩被女儿呆萌的表情逗乐,两人相视哈哈大笑……

钱锺书一生爱猫。平日闲来无事,他就会坐在院子里,和家人一起看猫打闹。调皮的钱锺书总会准备一根长竹竿,藏在门后面,只要自己家的猫和别人家的猫斗殴,他就会直接蹿出去,拿起竹竿为自己的爱猫助战,幽默诙谐的样子真是可爱至极。

人生不如意事十之八九,钱锺书夫妇也曾经历过一段人生的晦暗期。面对生活的种种磨难和不公平的境遇,他们互相鼓励之际,还不忘时而彼此拍着肩膀,给对方一个安慰的微笑。最难能可贵的是,他们总是能在苦难中发现快乐的妙趣,以幽默诙谐的心境抵御苍凉的世事。尽管生活的磨难是一种无能为力的境遇,但他们却能把最艰辛的生活,过成最有趣的样子。在颠沛流离的日子里,他们嬉笑打闹,苦中作乐,很多人羡慕地说:"看人家钱锺书夫妻,越老越年轻,越老越风流!"

后来,他们被下放干校,杨绛在菜园班看菜,钱锺书做通讯员,工作距离不远的夫妇俩,在菜园里玩儿起了年轻时的浪漫幽会。两人坐在水渠边,沐浴着温暖的阳光,在风吹过的淡淡菜花香里,畅聊人生，吟诗作赋……

爱的妙趣是灰暗生活里的一滴油彩，足以晕染出最斑斓的时光底色。当趣味在生活里慢慢升腾而起时，所有的悲欢离合，也不过是轻轻飘过心灵的几缕尘埃，洒脱的弹指一挥间，很快便烟消云散了……

生活总有无能为力的时刻，光阴也会猝不及防间骤然扭转生活的喜与悲。没有人能敌得过光阴，只能学着与之优雅地相处。其实，光阴从未与我们为敌，只是，我们应该懂得，心灵最后的驻点，还是要落在情感的臂弯里。就算全世界都背叛了你，爱你的亲人朋友，却永远在你来来去去的生命中，暖你如昔。

说到这个话题，我的读者群里立刻沸腾起来，看来这真的是一个能引起共鸣的感同身受的话题。

有人说：每当拼尽全力在外面打拼，拖着疲惫的身体回到家后，最幸福的时刻，就是看着妻子戴着围裙，满脸笑意地从厨房走出来，端着一盘热腾腾的菜，兴高采烈地看着我说，你回来得正好，我烧了一大碗红烧肉。他看着油光泛亮、香气扑鼻的红烧肉，忽然感觉所有的疲惫都已荡然无存，冲上前去，像个孩子一样一把抢过红烧肉，佯装要大快朵颐时，女儿很快夺了过去，拿起一块放在嘴里，一边嚼一边狡黠地说，老爸，你现在明白什么叫弱肉强食了吧？于是，一家三口开始了一场空前绝后的"夺肉大战"，这么有趣的日子，不是很治愈吗？

有人说：记得那个寒冬飘雪的傍晚，下班回家的路上，心情沉郁，想着做了很久的项目被否决，心里失望至极。踏进家门的那一刻，看到丈夫孩子围着火炉而坐，炉火上煮着茶水，炉盘上放着一圈正在煨烤的花生，花生啪啪作响，香味四溢。丈夫孩子看到她，顽劣地拿起还带着余温的花生砸向她，她笑着躲开了。一家人，在温暖如春的屋里打闹着蹦跳着，窗户上升起一层薄薄的雾气，映衬着屋外飘雪的寒星，显得格外温暖……

有人说：那一年生意不顺，赔了几十万，悲伤到无以复加。妻子看在眼里，什么都没说。某天，他后背刺痒，让妻子帮忙挠痒，左右上下搔了半天，始终搔不到痒处。机智幽默的妻子，找来一根木棍，从衣领里插下，屏住呼吸，鼓起腮帮，一边做着滑稽的鬼脸，一边帮他耙搔数下。他顿时觉得好笑得很，时不时还被挠到痒痒肉，再加上有些微痛，于是大笑着准备躲开。妻子故意不依不饶，追着他，坏笑着说，我今天不挠死你决不罢休。两个打闹中滚成一团的人，早已经在有趣的生活中，忘记了内心的烦恼。

所有无能为力的生活背后，都有一处情感的摆渡湾。在我们卸下生活的一切负荷和伪装后，可以和最爱的人，用最洒脱的手法，把细水长流的日子雕琢成妙趣横生的倾城模样。

因为，如果无能为力是绝望的风口，那么爱的妙趣就是出逃的风向。

跳下生活这匹野马，做一只自由而有归属感的猫

家的温暖，是拼到无能为力时，回首处那一方一直都在的身畔守护。于是，一直在路上的我们，披星戴月之际，只想跳下生活这匹野马，回家蜷缩成一只自由而有归属感的猫。

人生一场大梦，世事几度秋凉，没有谁的人生是波澜不惊的，生活像一匹狂奔不羁的野马，载着我们奔赴一段又一段无法预知的未来，前路或许危机四伏，或许暗礁连绵，于是内心的狂风巨浪也在不停翻滚的瞬间变得惶惶不安。

一个没有被亲情温暖过的灵魂，注定不会筑起坚不可摧的精神壁垒，也注定无法抵御世事的狂风巨浪，只有跳下生活这匹野马，回家蜷缩成一只自由而有归属感的猫，才能在休养生息之际，翻盘人生，风生水起。

很多读者问过我这样一个问题：什么样的人生，才算真正活明白的人生？

我说：曾经披星戴月到拼尽全力，想要赢得全世界，最后发现，

你想要的全世界并不属于你，有些努力并不一定会有结果，有些梦想总是事与愿违，那时你才会真正明白，在最平凡的日子里，和家人过最有趣的寻常生活，才是心灵最安稳的落点。

就算人生几番更迭、世事几番沧桑、心灵几番创伤，但是在家的温暖召唤下，我们依然可以在最平凡的生活中，用最烂漫的心把琐碎的日子过得熠熠生辉。这个世界，在如刀岁月的侵蚀下，能留住的东西越来越少，回头望去，妻子哼着小曲儿，摇头晃脑地做着饭；孩子天真烂漫，生活中总是笑料百出；父母人老心不老，随时保持着老顽童的心性……这些每天闪现在我们眼前的寻常生活，就是最暖心的治愈。

浮生若梦，过尽千帆，如今家的趣味还在，这就是最好的生活、最好的岁月。也努力，也悠然，也严谨，也有趣，人生足矣。

丰子恺的一生，过尽千帆中遭受过很多劫难。尤其在抗日战争时期，他带着家人踏上颠沛流离的逃亡之路，过着居无定所的生活。但是因为生性豁达幽默，他总是能在各种环境中找到乐趣，以自我调侃的方式寻求自我安慰；他总是把"绝境"看作休养生息之地，也总是把生活的悲情看作有趣的表演。

从他的作品中不难看出，那些苦难生活中聊以慰藉的出口，便是家的趣味。

丰子恺共有七个子女，经常出现在他漫画里的是大女儿阿宝。丰子恺总能在和阿宝有趣的玩耍中，找到生活的快乐和创作的灵感。阿宝是一个想象力特别丰富的女孩，某次，阿宝拿了一双爸爸买来的新鞋子，准备给自己家凳子穿上，后来发现缺一双，于是脱下自己的鞋子，穿在凳子的四个腿上。丰子恺看到后，觉得十分有趣，于是拉着光脚丫的女儿，父女俩围着凳子，蹦蹦跳跳地唱道："阿宝两只脚，凳子四只脚。"阿宝母亲看到后，担心光脚踩到石子受伤，连忙制止，丰子恺却调皮地拉着女儿一阵风似的跑得无影无踪⋯⋯

疲惫的工作之余，丰子恺会饶有兴致地坐在院子里的榕树下，看女儿教邻居家的小女孩打毛线。初学时，小女孩有些手足无措，一会儿不小心把手指缠到线团里，一会儿又不留神把已经理好的针线丢掉，女孩情急之下，瞪眼噘嘴，抓耳挠腮，那笨拙滑稽的动作，逗得坐在一边的丰子恺禁不住哈哈大笑⋯⋯

丰子恺家里有一只猫叫阿咪，闲来无事，丰子恺总是会带着孩子们和阿咪玩耍。某次，他们突发奇想，调皮地在阿咪的尾巴上绑了一块鱼肉，他们便看着阿咪扭头一直转着圈试图去吃那块永远够不到的鱼肉，看得捧腹大笑⋯⋯

邻居家的小女孩有一个奇怪的嗜好：喜欢坐在痰盂上梳头扎辫。于是，当丰子恺看到这幅天真可爱的画面时，就会拿起笔，把这妙趣横生的一刻，记录在自己的漫画里。

一次，他带着孩子们去郊游，孩子们兴奋之余唱起了《送别》，丰子恺听后狡黠地笑着对孩子们说：知交半零落，这个表述对你们来说太复杂，我为你们改编了新版的《送别》："星期天，天气晴，大家去游春，过了一村又一村，到处好风景。桃花红，杨柳青，菜花似黄金，唱歌声里拍手声，一阵又一阵。"

充满童趣的歌词，深受孩子们的喜爱。

这些意趣横生的家庭生活细节，温暖了丰子恺的人生，也丰盈了他的创作灵感。

写到这里，我眼前跃然而出的，是史湘云的影子。《红楼梦》里的金陵十二钗，每一个人都有自己独特的性格，而我最欣赏的便是史湘云。史湘云出身高贵，出自当时金陵四大家族之一的史家。天有不测，集万千宠爱于一身的娇娇女，一夜之间失去了双亲，从此她在贾府开始了一段全新的生活。

史湘云历经家庭变故，但始终不改其有趣的本性。磨难再多，也不会泯灭她对意趣生活的好奇心，她始终带着蓬勃的活力参与其中，不忘初心，哭哭笑笑地走过最真实的人生。她笑起来毫无遮拦，对情绪的表达也是毫不掩饰，在或清冷，或圆滑，或孤傲，或世俗的姐妹们之间，史湘云那一抹坦荡和随性，绝对是一枝独秀的存在。

她最美好的乐趣在于：和家人们在一起，可以肆无忌惮地大笑，可以抓起鹿肉大块咀嚼，也可以不顾及所谓的女儿形象醉卧花荫，俨然就是一个豪气男儿。大观园因为有了她的存在，才有了更多欢声笑语。

某次，大观园一场吟诗宴会结束后，众人都在忙前忙后收拾，这时大家发现唯独少了湘云，还有她一直在用的酒杯也不见了踪影。于是大家四下里寻找，后来有人猜测她一定是拿着酒杯不知去哪里独酌独醉了。于是，丫鬟小姐簇拥着一路觅她而去。夜凉如水，星月辉映，伴着潺潺流水声，在湖畔一处花荫下，大家终于找到了她。

只见湘云，如睡美人般斜斜地侧卧在石凳上，熟睡的样子娇憨可爱，脸上身上铺满了纷扬飘落的粉色花瓣，粉色花瓣衬托着她绯红的脸颊，在夜色中显得格外明艳。手里的酒杯在她垂落的手上摇摇欲坠，仿佛也读懂了她睡意娇憨的美，留恋在她的手心不忍离去。那些小姐丫鬟们，也被她可爱有趣的模样折服，纷纷捂着嘴笑了起来。

这样趣味横生的情致，也只有史湘云才能演绎得出神入化。

这样的女子，必是心有乾坤的人。湘云作诗的能力不可小觑，她是《红楼梦》里有名的"诗疯子"，连被元春皇妃赞誉为"最会作诗"的黛玉，都喜欢和湘云一起对诗。黛玉的诗灵动飘逸，宝钗的诗工整严谨，而湘云的诗则洒脱不羁。每当大观园诗社对诗，她作诗不求精美，只求幽默诙谐，于是她开口之际，总能逗笑身边的人，这也是她和家人在一起的情趣再现。所以，大家总是喜欢看她一边捂着肚子笑得前仰后合，一边在叽叽喳喳中谈论诗词歌赋……

没错，时光会让我们失去很多东西，也会让我们看清很多东西。过尽千帆后，总有孤帆远影，也总有千帆侧畔。而家的温暖，便是拼到无能为力时,回首处那一方一直都在的身畔守护。

于是,一直在路上的我们,披星戴月之际,只想跳下生活这匹野马,回家蜷缩成一只自由而有归属感的猫。

本不该令人欣喜的人间，偏偏你携友情来了

行尽世间千帆，心意相通的友人最应景。那哭了又笑，笑了又哭的时光里，因为朋友的那一抹色彩，再灰暗的世界都会燃起一丝斑斓的色彩。本不该令人欣喜的人间，偏偏你携友情来了。

李白在《赠汪伦》中写道："桃花潭水深千尺，不及汪伦送我情。"

历史上的李白，是一个特别喜欢交朋友的人，他很多诗的创作精髓，都是从和友人们在一起经历过有趣的生活后产生的灵感。

李白游泾县桃花潭时，认识了村民汪伦，于是每次路过泾县他都会去汪伦家做客。那一次临走时，本以为汪伦没有来送行，可当李白乘舟将要离去时，汪伦忽然带着一群村民前来送行，他们拍着手，跺着脚，边走边唱。原本内心被离别的愁绪搅得心神恍惚的李白，抬头忽然看到了这一幕感人的画面，怎会不惊喜？

也许昨晚家宴时已做饯别，说好今日不再前来相送，没想到汪伦也是一个极有情趣的人，佯装有事不会前来，然而此刻他不仅来了，还带来了一个仪仗队。也许是他太懂李白，了解李白的内心是一个多么在意生活情趣的人，于是便给了李白这样的惊喜。

而心有意趣的李白，当然更是个善解风情的人。于是他信手拈来，在心有所感处，吟出了这首千古绝句："桃花潭水深千尺，不及汪伦送我情。"

如果，浪迹天涯的李白，没有了友人的基调，他旅途生涯的背景底色，该是多么苍白。而他每一处浪迹天涯的逍遥里，都有朋友知音相伴的身影。登高饮酒，对雪赋诗，竹叶杯中，吟风弄月。就这样，他在声声肆意大笑中，意趣生辉间，走过了半个盛唐。

行尽世间千帆，心意相通的友人最应景。那哭了又笑，笑了又哭的时光里，因为朋友的那一抹色彩，再灰暗的世界都会燃起一丝斑斓的色彩。

朋友说，读大学时失恋那段时光，是闺密们一路陪伴她走出了人生的灰暗期。

那是一场异地恋，尤其是学生时代的异地恋，没有成熟的情感基础作为支撑，这样的感情总是摇摇欲坠、不堪一击。起初，他们也曾海誓山盟，信誓旦旦地承诺，愿意等彼此毕业后就回到家乡，一辈子厮守在一起。

可异地恋并不像想象中那么简单，长期分离的感情会因为每一个孤独的日子而变得痛苦冗长。于是，他们的感情开始疏离，朋友敏感的心已然体会到了。一次次争吵，一次次卑微的挽留都无济于事，也许所有的分手都是蓄谋已久吧，果不其然，半年后，那个守不住寂寞的男孩,还是提出了分手。

在那个年纪,分手真的是一件惊天动地的大事,尤其是对一个用情至深的女孩来说,是致命的打击。朋友那段时间,感觉自己的身体已被抽空,生活中一切都变得晦暗无光。最初的几天,她把自己反锁在家里,试图用暗无天日的逃避来宣泄自己的悲伤。闺密们的安慰和劝说,她全然听不进去。

那天,她打开一直拉着窗帘的窗户,阳光照进了阴霾已久的房间,刺痛了她哭肿的双眼。这个世界这么美好,为什么只有我这么痛苦?想着想着她的眼泪便夺眶而出。

这时,家住三楼的她,忽然看到一根不知从哪里升上来的竹竿,竹竿上挂着一只烧鸡,那只黄灿灿的烧鸡,在阳光下闪着细碎的光芒,看上去有一种滑稽的美。细细端详,烧鸡的脖子上还挂着一张小字条。她伸出手,拿下字条,只见字条上写着:趁阳光不燥,趁微风正好,还不赶紧跳下来一起浪去……

她俯身向下看,只见闺密们手里拿着桃花瓣,纷纷扬起,花瓣在午后的阳光下,闪着斑斓的光芒,像极了生命中最热烈的青春色彩。

她不由得嘴角上扬,脸上泛起消失了很久的第一抹微笑。擦去残留的泪水,她飞奔下楼,和闺密们欢笑着拥抱在一起……

当然,全然走出失恋,并不是一朝一夕的事情。尽管有家人的陪伴,还有闺密们的安慰,时常会让她忘记失恋的痛苦,但是,那种撕心裂肺的感触,还是会时不时跳出来,揪扯着她的心。

那一次，她打算来一段一个人的旅行，到一个城市，看着不同的风景，彻底忘记一个人。拉着行李箱踏入异地的那一刻，她忽然有了一种莫名的孤独感。秋风摇曳，路上行人稀稀落落，她莫名又有了落泪的冲动。心神恍惚地低着头走过一棵大树下，忽然间，只听"扑通"一声，从眼前落下一个东西，吓得她下意识地大叫一声，并迅速向后撤去。定睛一看，是一只女式球鞋，她抬头向上看去，只见她的一个闺密趴在树顶上，带着狡黠的笑容大声喊着："路过的女侠请留步，敢问你从何方来，要去何处……"

另外两个闺密骑在树干上，嬉皮笑脸地喊道："路过的这位美女，留下买路钱，或者干脆让我们劫个色吧……"

"哈哈哈……"她笑得前仰后合，随即跑过去，捡起闺密的鞋子，佯装生气地打算扔掉，边扔边说，"什么怪物，臭死了，留它何用……"机智的闺密们见状立刻接应道："没错，已经发霉发臭的东西，早该扔掉了，包括已经过去的旧情，哈哈哈……"

她看着眼前逗趣的闺密们，想着她们颇有深意的话语，脸上泛起了已然真正释怀的笑容……

行尽世间千帆，心意相通的友人最应景。用一起走过的岁月，去见证意趣生辉的人生，是她们最美的约定……

当代画家丰子恺，是教育家朱光潜的挚友。

他们心有灵犀，有一样的爱好，一样的性情，喜欢文艺，内心充满童稚。他们一同在上海办立达学园时,生活清贫拮据,可两人依然不忘用天真童趣的心,去体味生命的美妙。院落里的树荫下,一张石椅,一壶浊酒,举杯喜相饮,满嘴豆腐干花生米,谈笑间,唇齿留香。

有时,几杯下去,醉意微醺,丰子恺便取一张纸,作起画来。一幅画,一段相知的谈论,艺术的灵感在友情的乐趣中,蔓延开来……

每次说到丰子恺的艺术和人格,朱光潜总是滔滔不绝:他就是那样一个心有意趣,无忧无嗔,无世故气,亦无矜持气的"小朋友"。

他们之间的友情,有诗意,有谐趣,让你啼笑皆非,又肃然起敬……

人生就是一场寻寻觅觅的旅程,许多内心的渴望,在世事风烟中,开始着,结束着,青丝白发,说不尽的岁月无常。尘缘这种东西,来来去去,起起伏伏,无论人还是事,都让人捉摸不定。

欣喜若狂也好,默然叹息也罢,最后,我们总要从岁月中抽身而出,以一个清醒的姿态,放下不必要的执念,在亲情与友情的寻常巷陌里,用最简单天真的幽默、用最诙谐洒脱的趣味,来填补生命的空白。

就是这样的,本不该令人欣喜的人间,偏偏你携友情来了,于是我好像又活过来了……

飘过江湖夜雨,与懂我的人碎碎念念,岁岁年年

生活就是这样,有高峰,有低谷,有起起落落,也有兜兜转转。所以,活在人间,就应该心有侠气,管他江湖夜雨,还是关山风雨,带着懂我的人、喜欢的事,以仗剑走天涯的豪迈,划过秋水青山,携一缕永不凋零的生活意趣,笑傲江湖……

谁不是在江湖行走,谁又不是在人间流浪。

有江湖的地方,就有纷争、恩怨、是非和风雨。于是,徐志摩说:走着走着就散了,回忆就淡了;夕阳靠着山倦了,天空暗了;一朵花开得厌了,春天怨了;鸟儿飞得不见了,清晨乱了……看着看着就累了,星光也暗了;听着听着就厌了,开始埋怨了……

生活的每一场行走,都是为了遇见心有所想的期盼,这是每一次上路的初衷,生活也因为有了这样的殷殷期盼,才会显得更有劲头。

可是走着走着,理想在现实的冲击下,显得不堪一击,很多事情,最后变成了事与愿违的模样。就像夕阳本想染红山,可暗淡的天空偏偏挡住了视线;一朵花开,本为了灿烂整个春天,可是春天却并不领情;清晨以最好的姿态迎接鸟儿,可鸟儿却振翅远飞,留下清晨独自

凌乱。世间万物都是如此，走着走着，想要的美好变了，于是，人生累了暗了，也厌了怨了……

但生活还是要继续，我们敌不过世事，只能学着用最有趣的方式，和它温和相处。

一路江湖，一路夜雨，带着叹息上路，不如带着那些懂我们的人和事，一路笑闹，一路欢歌，一路徜徉，把每一处时光的痕迹，用仗剑天涯的豪迈，划出一道铿锵有力的弧度，这段弧度的每一个细枝末节里，都刻着你与人、与时光的意趣重叠。

生命是一种修为，如何雕刻，是一种睿智的态度。

我们还是来聊聊李白吧。

洒脱不羁的李白，十五岁那年，意气风发的他在读书之余，开始学习剑术。于是，才有了后来那个诗情烂漫、仙风道骨，有着侠义之心的他。

李白情商颇高，交友颇广，在官场跌宕起伏的时光里，如果没有那些懂他的人相携共欢，如果没有那些"欢言得所憩，美酒聊共挥"的意趣时刻，我想，李白的生命底色，一定是苍白的。

而李白之所以活得有趣，还有很重要的一点，那就是：他始终认为，世界是美好的，时光是温暖的，就像现在很多积极达观的人，走在路上，哪怕关山迢迢，哪怕风雨未央，却始终相信，总有日光倾城之时。

读他的《下终南山过斛斯山人宿置酒》，我们总能窥见他"沉醉诗酒，笑看红尘"的豪气。他一生曾二入长安，这一次是第二次，想必内心更多的是苦心孤诣的无奈。

可是，诗中的他，却是一个活脱脱的顽童。

李白此去是为了拜访一位叫"斛斯"的隐士，想必他们亦是颇懂彼此的知音。那是夜幕刚刚降临的终南山，李白一路走来，酷爱月亮的他，仿佛看到月亮正伴着自己的脚步，一点点照亮下山的路。这就是李白的意趣，在他的心里，懂他的不只是人，还有万物生灵，因此他才有了仗剑走天涯的情调和资本。

回头看去，曾经走过的山路，翠绿色的树，掩映着幽深的山林，仿佛在一路护送着他在夜色中前行，这也是人与自然的一种心意相通。此刻的他，内心一定是浪漫美好的。

此刻，斛斯已带着乡邻们前呼后拥来迎接李白，那是怎样的情深义厚，又是怎样的殷殷期盼，想必这也是他们彼此在这个纷扰世间里，最美的一种情意和守候吧。就连颇解其中意的孩子们，也开柴门来迎客了。此刻的李白，一定会和孩子们打成一片，那欢声笑语，完全就是喧嚣世界里的一丝天籁之音。

进门后，在幽幽绿竹的小径中，李白的长衣拂过青萝，仿佛即刻衣带见香，那味道，比蝇营狗苟的名利味要纯澈很多，那是田家庭园的恬静，是李白这辈子最快乐的闲趣所在。

"欢言得所憩，美酒聊共挥"，落座之际，酒宴开场，酒逢知己千杯少,此刻的李白,心总算是找到了真正的安放处,欢言笑谈,觥筹交错,美酒聊共挥。

一个"挥"字,是全诗的精髓,也最契合我们今天要谈的主题。知音情浓,清酒相伴,有友有酒,人事两全,这份意趣,已是最高的境界。但是还有两件事,是他苦闷人生的慰藉,一个是放声长歌,一个是挥袖轻舞。

那一夜,他是真的挥洒至极,直唱到天河群星疏落,籁寂无声,只有他的歌声在空中回荡。友人们都懂他,于是拍着手为他打节拍,他也知道友人们赏识的目光里,是对他的了解和理解。于是,他所有的纵情都显得那么自然不羁。

唱罢,便是挥袖轻舞,本是一身仙骨之风的李白,舞起来那也是倾倒众生的。一缕月光洒下,李白微醉的脸上映着一丝绯红,两袖在舞动旋转中,带起片片清风,就连垂落的胡须都在清风中飘出了清逸的模样。舞到尽兴处,李白狂浪的笑声,伴着酒后歪歪倒倒的舞步,伴着友人们敲响的锅碗瓢盆的节奏,完美地演绎出一场意趣横生的生活图景。

"长歌吟松风,曲尽河星稀",一曲一舞终了,月落星稀,堪比闭月羞花。于是,陶陶然间,人世的机巧之心,名利之欲,失落之苦,都一扫而空,荡然无存……

在江湖夜雨里,和懂我的人仗剑走天涯,是李白一生所有的乐趣。

我们都在江湖里,也都走过夜雨之路,那些懂我们的人,终是无常人生里,起伏变换间,最温暖的驻脚。这一处驻脚,因为有了那些渗透在世事喧嚣里的意趣,才变得步履轻盈。

她是我的同事。多年前,我们在同一个公司做设计师。因为过于要强的性格,她工作起来总是一副不要命的样子,为了提高业绩,经常废寝忘食,每次总是最早一个来公司,最后一个离开公司。

一年后,功夫不负有心人,她晋升为部门主管,可是兴奋劲儿还没过,她就在体检时查出了早期乳腺癌,超负荷的工作强度,势必带来身体的应激反应。这一消息,犹如晴天霹雳,瞬间将坚毅如钢的她击倒。

那一段时间,她辞去工作,开始频繁地奔走医院,每天各种检查,吃各种治疗药物。这样的生活,让原本要强的她万念俱灰,悲痛不已。

当医生告知她下一步要进入化疗阶段后,经过深思熟虑,她决定放弃化疗。与其把时光浪费在垂死挣扎上,不如用珍贵的时光来尽情体会一把生活的乐趣。

她一直以来都有一个梦想,和心爱的丈夫,去感受一次自己期待已久的蹦极。一场说走就走的旅行开始了,疼爱她的丈夫,特意请假陪着她一起去实现她这一生最美的梦想。

那一天,他们来到了张家界,开始了一段美好的旅行,她像个孩子一样,边走边拍,想要把自己最好的样子留在照片和视频里。每到一处,他们或闲庭信步,看着美景打着趣;或追逐奔跑,在风里开怀大笑。此刻，她感受到了前所未有的轻松释然。

蹦极那天，她紧张而兴奋，和丈夫站在张家界大峡谷蹦极台上，望着下面的山川大河，她感觉自己一直留恋的世界是如此美好。她和丈夫紧紧抱在一起，在带着尖叫跳下去的那一刻，世界在眼前以最华美的姿势转动着，骤然下落时的感觉，就像人生忽然跌到谷底，有一种失衡的落差。但是跌到谷底后又很快弹起来，那种感受，又像是一种生命重生的力量。

她尖叫着，想象着，在蹦极的过程中，感受着身体的极限和生命的意义，她忽然明白了很多：其实，生活就像蹦极，有低谷，有反弹，有起也有落，以闲趣的心看过，不纠结痛苦，也许就是最好的人间清醒……

半年后，她的癌细胞开始慢慢消失。她用最好的心态，迎来了最好的结果。

生活就是这样，有高峰，有低谷，有起起落落，也有兜兜转转。所以，活在人间，就应该心有侠气，管他江湖夜雨，还是关山风雨，带着懂我的人、喜欢的事，以仗剑走天涯的豪迈，划过秋水青山，携一缕永不凋零的生活意趣，笑傲江湖，醉卧山水……

生活，无论流浪还是飞扬，终要尘埃落定，将自己在生命的意趣中，还给岁月……

第七章

在吃喝玩乐的烟火气里,
把人间疾苦烧成新的春天

撒一把人间疾苦，消散在美食滚烫的热气腾腾里

古龙说过一句话："一个人如果走投无路，心一窄想寻短见，就放他去菜市场。"有美食的地方，就有最踏实贴心的烟火气，那种莫名的舒服感，那种无尽的欢欣和意趣，为我们勾勒出的生活，是热腾腾的，是有温度和味道的。

说到意趣之前，我们总会先提到困顿。那是因为，人生的困顿有多深，意趣就会有多么不可或缺。

我们一直在路上，从出生到最后，每个人的生命都放置在路上，脚下，是我们要去的远方。远方是大漠孤烟，未来是遥远彼岸，无人知晓，但我们还是带着梦想，义无反顾地以数尺之躯跋涉去远方。

走了很远，终于发现，想要的不一定能找到，唯一能找到的，是通往自己的路。若是走得不卑不亢，走得心有意趣，便自成风景。而当我们执着于爱恨，困顿于得失时，只有透过烟火气熏染的一蔬一饭，才能在享尽人间美食的韶光里，照见来路与归途。

有一位特别受粉丝青睐的自媒体美食作家，曾在一段视频里说：

"人生困顿处最好的调剂,就是制作美食,因为在制作美食的过程中,你会发现生活里简单纯真的美好。"

在她看来,做一顿美食,可以放下世事喧嚣,心静如水地把每一道食材精心置备,唯一的声响是下锅后的煸炒声,那噼里啪啦的节奏,像极了喜庆时节的鞭炮声,仿佛可以将世间所有的烦恼都轰走。

出锅后,她会用手机记录下冒着袅袅热气的美食,让美食如花朵绽放绚丽的色彩。她说,那一刻内心升腾而起的,是饶有趣味的烟火气息。

于她而言,做饭就像是一种生命的蜕变,菜不一定要复杂,但要浓郁,放到嘴边时,那股幽香足以淹没一切世俗的杂味;汤不一定要鲜美,却要滚烫,那种沸腾的感觉,如海浪涌上来,足以卷走世事尘埃;面不一定要白皙,却要劲道,嚼在嘴里的韧度,像是心里的那股不服输的劲头。

其实,在繁忙的现代生活中,人和世界之间最深刻的乐趣衔接,就是"食",无论亲朋好友,还是萍水相逢,美食都是一件大事。在所有的"食"光里,可以放下暂时的伪装和面具,在厨房的油烟味里,尽享无限的乐趣。一道美食,就是一颗童心,那是烦琐生活里的一道香气,把平淡的生活,也熏染出了妙趣横生的滋味。

我很欣赏"香港四大才子"之一的蔡澜,他颇受年轻人喜欢,因为他不仅写得一手好文章,还有一颗懂美食的心。

就像经历过无数人生滋味一样，蔡澜品尝过世间各色美食，见过满桌饕餮盛宴，他却只喜欢最简单质朴的饮食，他认为，最简单的食材才能体现出最原始的味道。

在他记忆深处，最难忘的是小时候妈妈做的一道美食：将蟹壳剥开，挖出里面金灿灿的蟹黄，用各色调料浸泡，再用捣碎了的豆瓣酥拌一下，吃的时候蘸一点醋，嚼在嘴里的味道，回味悠长。

蔡澜一直认为，这世界上最有趣的美食，就是妈妈做的菜。红尘起伏颠沛间，只要回到家，吃一口妈妈做的饭菜，所有的世事喧嚣，便已不足挂齿。有时候，我们所钟情的食物，不单纯是为了果腹，更是一种情怀、一种乡愁、一种乐趣。

如今，年逾古稀的蔡澜，最快乐的事情，就是吃喝玩乐，就是写作之余逛菜市场，他认为生活有时也偶尔需要摆烂。走在人声喧闹的市场，小商小贩的叫卖声吆喝声，夹杂着人们的讨价还价声，俨然就是最具烟火气息的生活趣味。而自己身在其中，从容不迫地和商贩们交谈，最后再买上整整一袋食材，心满意足回家去。

回到家，把各色食材摆出来，清洗干净，随心烹饪，绝对是消除疲劳和寂寞最好的方法。一个人在忙碌一天，回归家庭享受美食的时候，才是心灵最安稳的归处，那嚼在嘴里的满口清香，瞬间让生活变得祥和安然。

在蔡澜看来，生活中，没有比好好做饭，更有趣的事了；也没有比好好吃饭，更正经的事了。于他而言，这世间唯有爱与美食不可辜负。

在中国文化中，大多数文人都会写几笔关于美食的文章，那是因为所有生活的导向，最后还是会落在最俗又最有生活趣味的一个"吃"字上。汪曾祺也不例外，汪曾祺是作家里的美食家，美食家里的哲学家，所以喜欢他的读者，总是走不出他的美食散文。

品尝美食就是品味生活，汪曾祺带着他的美食散文走过天南海北，海阔天空间，是一缕缕烟火味扑鼻而来。透过他的文章，就算我们身在都市，依然可以嗅到内蒙古的羊肉、东北的酸菜、陕西的面食、四川的辣椒、云南的菌子、湖北的蒸菜……一排排从眼前滑过的美食，香气四溢间，人世间一切喧嚣，即刻便烟消云散。

汪曾祺散文中对饮食文化展现最多的是生活的趣味性。除了食材，就连餐具、桌椅、制作方法、饮食名称等物质层面和饮食观念，都被他附加了情感的色彩和精神的灵动。

例如：汪老眼里的山东人酷爱大葱大蒜，就算吃煎饼锅盔也离不开葱。书里讲到一个幽默诙谐的故事：一对山东婆媳发生争执，儿媳妇跳了井，儿子赶紧拿了根大葱去井边转了一圈，媳妇就上来了。原来，真正融入骨髓的饮食爱好，足以激起人的生存欲望，燃起心灵的无限意趣。

某次，汪老在山东工作间隙吃炸油饼，看到当地人吃油饼就蒜，他很诧异，吃油饼哪有就蒜的！于是，大家纷纷提议他试一试，汪曾祺好奇地拿起大蒜，果然，一口下去，那个味道似乎可以忘记前尘烦忧。后来的汪老，就喜欢上了吃蒜，他认为那是生活中最美的饮食趣味。

多年前，大学室友失恋后来找我玩儿。

那天，我带着心情沉郁的她吃了一顿老北京铜锅涮，那是一家比较火的平价火锅店，人特别多。我们择一角落坐下，木质的吊椅让人很舒心，透过落地窗可以看到楼下熙来攘往的人流。

我并没有打算用苍白的语言鼓励她笑对人生，因为我知道，此刻唯有火锅可以解忧。我俩面对面坐着，中间隔着热腾腾的雾气，一边聊着天，一边把菜放到锅里，看各色食材在锅里翻腾。我装作无心地说："你看，食材经过煮沸的翻滚后，忽然就有了一种成熟的色彩，吃下去的时候，不老不涩，刚刚好，我想，所有的过程，都是为了蜕变成最后的精彩，一切都是刚刚好。"

她若有所思地看着我，泛起了我们见面后的第一丝微笑。那天晚上，我带她看了宛若碧海蓝天的水立方，听了后海酒吧婉约悠长的民谣，吃了老北京胡同里冒着麻酱香味的爆肚，还有嗞啦冒油的羊肉串，也吹了永定河畔温柔的晚风。她说，一切的一切，都美好有趣得让她宛如重生……

后来，我的生活中也出现了一些不开心的事，那一天她突然跟我说，来西安找我吧，我带你去吃好吃的。我不假思索，立刻飞过去，两个人穿越西安城寻访各种美食。在一处小吃摊上，我远远看到赫赫有名的腊汁肉夹馍，于是迫不及待地买来品尝，正宗的陕西肉夹馍外皮是酥脆的，脆得掉渣，肉肥瘦相间，一点都不油腻。一口咬下去，那种嘎嘣脆的感觉，就像生活，干脆利落，有一股拿得起放得下的气魄。

我俩一边聊天，一边咧嘴笑出满嘴脆渣，这也许就是美食带给疲惫心灵的最大乐趣吧。

那天回来我发了一条微博：肉夹馍的脆爽，羊肉泡馍的醇厚，在灯火阑珊的小巷中，这可能是浮世红尘中最有震撼力的气息，这也是那段时光中最生动而鲜活的记忆。

我想起了古龙说过的一句话："一个人如果走投无路，心一窄想寻短见，就放他去菜市场。"

有美食的地方，就有最踏实贴心的烟火气，那种莫名的舒服感，那种无尽的欢欣和意趣，为我们勾勒出的生活，是热腾腾的，是有温度和味道的。

撒一把人间疾苦，消散在美食滚烫的热气腾腾里，就是最好的救赎……

在一壶酒带来的微醺里,摇摇晃晃,碎了失意,爱了世界

古龙曾说过:其实,我真正爱的不是酒,我爱的也不是喝酒的感觉,而是喝酒时的朋友,还有喝过酒的欢愉和趣味,这种气氛只有在酒的乾坤里才能释放。酒,酝酿而出的境界是:在一壶酒带来的微醺里,摇摇晃晃,碎了失意,爱了世界……

我们都是这世间的行客,匆匆而过时,便把岁月踩成了或悲或喜的模样。

这世间,有苍白,也有绚烂,一切在于看风景的心境。世间从不缺风景,缺的是看风景的人。"我见青山多妩媚,料青山见我应如是",有趣的生活意境从未走远,是我们的心,在繁忙的尘世中,忘了山水,失了清味。

于是,为了打捞意趣,我决定带着大家,温一壶酒,在纵逸微醺间,开始与时光对饮。

李清照少女年纪心事重重时,"常记溪亭日暮,沉醉不知归路,兴尽晚回舟",划着小船,就着月光,那一丝妙趣,心事便有了盛放

的地方。那一夜，又是心思沉郁，几杯酒下肚便沉沉睡去，第二天醒来后，忽然惊觉"昨夜雨疏风骤，浓睡不消残酒"，那是怎样的惬意，再烦恼的事，一壶酒，一场梦，还有那化不开的残酒，都是最清雅写意的时光。

熟悉李白的人都知道，他的仕途并不顺利，但是因为有了诗酒流连的时光，纵然寥落，跌宕处也总有寄情之所。左手酒杯，右手诗行，摇摇晃晃间，便走过了半个盛唐。"花间一壶酒""看花上酒船""酒倾愁不来""且须饮美酒""酒酣心自开""开颜酌美酒""乐极忽成醉"……这一盏盏酒杯，是他醉意中的意趣从容。

但凡舞文弄墨的人，总会借酒怡情。就像辛弃疾，纵使身上有股忧国忧民的气质，但是他爱国，同样爱酒，他一辈子在抗金的路上挣扎，有心护国，却无能为力。他的快意愁苦，何以依托？曹操说了，"何以解忧，唯有杜康"。于是，辛弃疾便有了"身世酒杯中，万事皆空""午醉醒时，松窗竹户，万千潇洒"的词句，很多时候，一杯酒下肚，便盛得下世间万种风情。

不信你看，那个在焦虑时吟诵"醉里挑灯看剑，梦回吹角连营"的辛弃疾，也曾在品酒的无限意趣中，发现了"梦里寻他千百度，蓦然回首，那人却在灯火阑珊处"的烂漫柔情。

所谓，铁骨柔情，大抵就是来源于这样的生活意趣吧！

如果你问都市里朝九晚五的上班族，疲惫之余最有趣的生活方式是什么，那一定是品酒的时光。

有美酒的生活，就像咖啡遇见了糖，苦涩杂陈中忽然有了甜甜的甘醇，那段因为有了酒而点缀的人生，才有了豪情满怀的味道。

我的一位朋友就是其中的一个。每当夕阳落下，他都会伴着夕阳迈着下班的步伐，白天的繁忙与夜晚的阑珊在松弛愉悦中交会。这时的他，会放下心里的工作，约三五知己，于酒馆的某个角落临窗而坐，一壶酒，一段心事，边饮边聊，时间仿佛在这一刻静止。或高谈阔论，或吹牛装酷，或开怀大笑，三分豪情，七分醉意，说不尽的潇洒恣肆。

他说，朋友与酒，是盛放意趣最好的一隅。那些以酒会友的时光里，没有高低贵贱之分，打开升腾着酒香的瓶盖，便能相识于江湖，相醉于江湖，酒逢知己千杯少，一杯下肚，那是情之所至的精彩。人生偶尔需要疯狂的感觉，才证明我们也曾年轻过。

或者干脆在辛劳一天回到家中后，将疲惫的身体丢在沙发深处，这时，他会静静地将满腔心事在夜色中沉淀释放，直到聆听到自己内心的声音，找回最初的静谧。继而站起来，炒一盘小菜，就着昏黄的灯光，在温暖得仿佛可以忘记前世今生的房间里，在这个此刻只属于自己的小世界，坐在桌子前，抿一口甘醇的清酒，此时的自己，已然就是自己的国王……

听着朋友的故事，我想起了小时候。那时，经常看到父亲吃饭时，一个人端着一杯白酒，喝得津津有味，下酒菜也只是一盘花生米。母亲在一旁不解其中味地唠叨着："一个人有什么好喝的。"父亲嘿嘿一笑，带着满足的笑容一饮而尽，继而闪着狡黠的眼神说道："你们不懂得。"

长大后，经历多了，终于明白了父亲独饮的乐趣。

每当结束了一天繁忙的工作，我便回到家，做几份小菜，为自己倒一杯红酒，为老公倒一杯白酒，一边漫无目的地闲聊，一边细斟慢酌，一颦一笑间，一天的负累随着蔓延的酒香升腾飘散。酒足饭饱后，我们依然会端着高脚杯，静静地坐在各自的角落里，看看书，看看电影，那日子，便是清风明月。

如果因为工作繁忙懒得回家做饭了，我们就会在家的附近找一个小饭馆，在临窗的位置落座，看着窗外的夜色阑珊，继而几样小菜，一盏小酒，在城市的一隅，用酒过腹暖的情调，来驱散生活的寒意风霜，品读着真正的"人间有味是清欢"。

正如古龙曾说过的：其实，我真正爱的不是酒，我爱的也不是喝酒的味道，而是喝酒时的心境和情趣，还有喝过酒的欢愉和趣味，这种气氛只有在酒的乾坤里才能释放。酒，酝酿而出的是一种怡然自得的心情，是在纵逸微醺间与时光对饮的豪气。

这份豪气，放逐了烦恼，升华了格局，于是，我们便可揽月乘风，跃马扬鞭，以胜利者的姿态，在或温暖或清冷的春风里，无限旖旎。

就像我们都熟知的陶渊明，作为一个来自东晋末年的隐士，他必须要去承受那个纷乱的年代下,更为孤独无助的境遇。

官场的跌宕起伏,让他无奈,直至绝望。有一天,他看懂了江水东去,繁花凋零,学会了用清雅的酒意情怀,点缀在宽阔的天地间。于是,他逃了出来,带着生活的无限意趣,抵达了狂歌五柳的安宁田园。春耕,秋收,南山,黄昏,饮酒……安贫乐道间,他是在用这种更为剑气如虹的力量,与那个纷乱的世界对抗。

某次重阳节,他在黄昏中的庭院里独坐。东篱前的菊花开得正旺,却无酒可饮,正不知所以然之际,忽然好友王弘带着酒及时赶到。于是便有了《己酉岁九月九日》里的那句"何以称我情,浊酒且自陶",有什么可以使我称心愉悦,一杯浊酒喜相逢,多少心事,都在这杯酒趣中,付之笑谈。

读过陶渊明诗文的人都知道,他本不会抚琴,但每次朋友相聚,他却"抚而和之",这也是他内心的意趣所在。手中无琴,心中有琴,万物皆是琴,兴之所至,抚而和之,是一种洒脱逍遥的意境。而且,凡是前来拜访的人,不论贵贱,他总是热情款待,觥筹交错间言尽人间快意。他若有了几分醉意,便会心直口快地告诉客人:"我醉欲眠卿可去"。意思是,我已经醉到昏昏欲睡了,你们可以回去了。这就是他的直率可爱之处,李白特别喜欢他这句话,于是便写了《山中与幽人对酌》一诗,诗句改为"我醉欲眠卿且去,明朝有意抱琴来",那时的李白脑海中浮现的,一定是有趣的陶渊明,和那把有趣的无弦琴吧。

还有一次，朋友前来拜访，看到他正在裹着头巾酿酒，一边酿一边美滋滋地嗅着眼前的酒糟，一脸的满足。随即他忽然从头上摘下头巾，饶有兴致地筛着酒，筛完又若无其事地将头巾戴在头上。那不拘小节、天真烂漫的样子，俨然就是一个心无尘埃的孩童……

在离世时的《拟挽歌辞》里，他曾写道："但恨在世时，饮酒不得足。"他希望带着一生最美的乐趣离去，就像他活着的时候曾经那样深爱这个世界一样。

是的，他曾经那么有趣又炙热地爱过这个世界。

酒，酝酿而出的境界是：在一壶酒带来的微醺里，摇摇晃晃，碎了失意，爱了世界。

这也是每一个在这个世间有趣的灵魂，共同的心声……

一盏清茶,烹散身后的焦躁,烹醒身前的欢喜

《道德经》里说过这样一句话:"光而不耀。"生命不能太耀眼,也不能太浮躁,更不能太喧闹。品茶,是一场静默的狂欢,身在其中,可以体会相遇的缘分,整理纷乱的心绪,品味自己的人生,喝着喝着,便喝出了那份清晰的了悟。

我们这一生,走得太匆忙,仿佛不停旋转的陀螺,不敢有一刻停歇。

咬紧牙关,用微笑抵抗内心的悲伤,用快乐掩饰满身的伤痕,我们在这见物不见"人"的现实世界,找不到真正的乐趣。紧张匆忙、烦躁不安、忧心忡忡、患得患失,是生活的主旋律。奔波只为活着,活着只为奔波,最后却忘了这一生究竟该怎样活着。

忙着生存,淹没了生活;寻找物质,丢了精神;为了别人,苦了自己;想着远方,忘了沿途的风景……

人生苦短,不如且行且慢。偶尔,让灵魂停驻,为它寻一处安放的空间。

那么现在,让我们在人世纷扰处,得一盏清茶,抵十年尘梦……

看过鲁迅的散文《喝茶》，在他看来，色清而味甘，清苦而微香，是最好的茶味，但要让好茶喝出趣味，就要在静坐无为的时候。某次写作的中途，他匆忙中顺手拿起随意一喝，茶中的袅袅清味居然在无声无息中被喧嚣的气氛压了下去，真是白白浪费了茶的真趣。

放下繁杂喧闹的尘事，喝一杯茶，品一段娴雅，是一种"清福"。不过要想在浮世中窥见茶里的"清福"，首先就须深谙生活的平衡之道。就像鲁迅先生说的，如果你正处于某种水深火热的焦躁状态下，就算在喉干欲裂的时候，那么，即使一杯蕴含着天地草木精华的香茗摆在眼前，恐怕喝起来也未必觉得这和普通的热水有什么区别。

茶，是沉淀之物，需要品味的就是一种闲趣。于见物不见"人"的现实世界里，带着那一方静谧的心境，带着那一抹澄净的心思，便可以在"品茶见真味"时找到灵魂的驻脚。

喝茶，喝的是一种历程。那是我们都走过的一段渐行渐远的路，一路艰辛，一路坚持，于岁月中，看沧桑变幻，看烦恼如风。这时，如果能在洗尽铅华后进入一杯茶中，就一定会在那种清味中感受到岁月的静谧悠长。

一道水，二道茶，在辨水煮茶的意趣中，我们可以在茶味的变幻中，感受苦尽甘来的韵味，唇齿留香间，这何尝不是对人生的玩味，也许喝着喝着，就会忽然想明白很多事情。人生苦短，与其为"鱼跃于渊"而奔波累心，不如偶尔捧茶而坐，享受那一刻茶香绕梁里的闲趣人生。

看过《晋中兴书》中的一个故事，东晋官员陆纳在担任吴兴太守时，某次得知谢安要来拜访。谢安在当时可是有头有脸的大人物，政治名家，出身名门望族。当天，陆纳便备好茶点，迎接谢安的到来。

哪知陆纳的侄子陆俶，对叔叔的心意十分不解，心想，谢安何等人物，登门拜访，只备简单茶点，岂不是太过轻慢？于是，便自作主张，偷偷准备了十个人的酒席。谢安前来拜访时，陆纳端上茶，本打算以高雅的清茗会友，结果他的侄子居然摆上一桌美食。

谢安离开之后，陆纳气愤地给了侄子四十大板，称其"秽吾素业"。意思就是，我喝茶喝的是意境情趣，你为什么要玷污我清高的名声。

我想，陆纳应该是了解谢安是一个淡泊名利、寄情山水的人，所以他希望可以在宦海浮沉的喧闹中，与谢安这一风流雅士，坐下来辨水煮茶，体会那一份怡情自乐、心思澄澈的清净。

这就是茶的唤醒之意。

就职于外企的他，工作非常繁忙，喝茶这种事情，在他看来是一种浪费光阴的奢侈行为。忙的时候，他就连热水都没时间喝，就更别说喝茶了。

直到有一天，他看到新来的同事，总是能在百忙之中，抽出几分钟的时间，端着茶杯优雅地品着茶。茶杯里那上下翻滚的绿色茶叶，仿佛春风吹过树叶时摇曳生姿的轻柔姿态。于是，他便有了心动的感觉，终于在周末精挑细选买了一盏茶杯，试图为自己的繁忙生活注入一丝趣味。

可是，内心被工作的焦虑牵绊的他，每次泡好茶后，一边低头对着键盘打字，一边拿起杯盏一饮而尽，从未喝出茶的清雅味道。渐渐地，喝茶这件事，对他来说真如鸡肋一般，食之无味，弃之不舍。他认为，喝茶对于他这个繁忙中早已遗忘了生活乐趣的人来说，简直就是暴殄天物。

直到那天，他经历了一次失败的谈判。他把客户约到饭店，一边吃饭一边谈合作，他很清楚所有的谈判都有意见相左、各持己见的时候。所以，起初他和客户也曾试图在彼此的对峙下各让一步，但是随着谈判的深入，大家开始互不相让，直到针锋相对、不欢而散。

于是在同事的建议下，他决定下次谈判选择在茶楼。后来，他与客户相约喝茶，落座后，他们没有直奔主题，而是看着茶艺师，备茶、选水、烧水、温具、置茶、冲泡、倒茶、奉茶……边看边散漫地闲聊，渐渐地，他们开始静下心来，听茶艺师讲述着茶的前世今生，用一份闹市里的闲情，去体味茶叶所经历的清风雨露，就像在感悟着人生中所走过的每一段流光岁月……

也许是辨水煮茶的意趣，冲淡了生意本身的浮躁；也许是那一盏白瓷碗里浅浅的绿色，涤荡了内心的焦灼；也许是在简单的茶中，品出了灵魂深处最本真的趣味，那一次，他们的谈判轻松而愉悦。

这也许就是茶中清而净的力量吧。

从此他便爱上了喝茶。每当紧张匆忙、烦躁不安、忧心忡忡的状态出现时,他就会邀上三五知己,找个茶楼,围坐在一起。听着轻松的音乐,收敛锋芒,卸下伪装,泡一壶茶,带着内心的澄澈,看晕染了天地之精华的茶叶,在热气氤氲中,涤荡着内心蓄积已久的凡尘污垢。

很快,他和好友便在茶香弥漫中高谈阔论起来,相同的人生境遇,共同的生活经历,让彼此都心照不宣。茶是清心地喝,话是敞开了说,那种倾心畅谈的趣味,俨然是一种身心的休憩和回归。想必,他整装待发再上路时,依然是一腔热血,满腔孤勇。

有时,他也会独自一人,在茶楼找一个安静的角落,坐在那儿看向窗外。看着城市里的车水马龙、看着青春活力的少男少女相伴而过、看着人们低着头匆忙向前……仿佛在看着自己的曾经,那些奋不顾身的岁月,那些为了梦想不遗余力的努力,那些每一个哭了又笑、笑了又哭的时光……在这茶味萦绕的意趣里,所有已知未知的时光,都已变得云淡风轻,一切都是那样的自由和舒朗……

他说,因为有了茶,生命便有了依托。

我想到了《道德经》里说过的一句话:"光而不耀。"这就是说,生命不能太耀眼,也不能太浮躁,更不能太喧闹。偷得浮生半日闲,在喝着清茶的日子里,看细水长流、看月朗星稀、看碧水天涯、看心思澄澈后的清晰长路……

　　品茶，是一场静默的狂欢，身在其中，可以体会相遇的缘分、整理纷乱的心绪、品味自己的人生，喝着喝着，便喝出了那份清醒的了悟。

　　一盏清茶，足以烹散身后的焦躁，烹醒身前的欢喜……

让热爱不遗余力，让浪漫向阳而生

这一生，我们不缺拼尽全力的口号和毅力。缺少的，却恰恰是拼尽全力之余的那一点"好玩儿"的意趣；缺少的，是点缀了沉重生命的闲情雅致。而那些饶有情趣的小小爱好，如浑浊泥沙里注入的一汪清水，忽然就在生命中漾起了欢欣的波浪。

我的读者群里最热的话题，是关于如何在人生百分之九十八的繁忙中，抓住那仅存的两分乐趣？

的确，我们这一生，不缺拼尽全力的口号和毅力，缺少的，恰恰是拼尽全力之余的那一点余力里，点缀沉重生命的清雅趣味。我们这一生，要承载太多的价值和责任，那些社会角色里的竞争规则、那些家庭义务里的感情牵绊，总是如丝如麻地缠着我们的心，让我们的灵魂一刻不得闲地咬着牙向前狂奔……

但是，总有那么一些饶有情趣的小小爱好，如浑浊泥沙里注入的一汪清水，忽然就在生命中漾起了欢欣的波浪。当灵魂对它视而不见时，它便如指缝间的细沙般匆匆流走。而当你在喧嚣世事中稍作停留，于蓦然回首间，于触手可及处，那一点带着趣味的小爱好，便成了灯火阑珊处的一隅温柔乡。

作家汪曾祺说："人活着，一定要爱点什么。"其实，那些热爱，不过是为了让心在繁杂的世界找到一处心灵的栖息地，在周而复始的平淡日子里发现生活的新意，在历经生活飘摇后依然热爱生活，与时光对饮。

在汪老的生活里，无论多忙，都不会失去意趣盎然的清味。喝酒、品茶、听曲、写文、鉴赏美食，人生唯有尽欢，生活才好玩。所以在汪曾祺纯澈的眼神里，世界百态，包括人生颠沛处，都有好玩的东西。

如果你读过汪曾祺的作品，就会知道，他笔下的民俗世态，均被他演绎得妙趣横生。读着读着你会发现，不是世界呈现给每一个人的样子不同，而是每一个人看待世界的眼光不同。

在汪老的眼里，那些市井民俗文化，都是有语言有表情的精灵。喝茶听曲、草木鱼虫、就连遛弯散步，都是生活细节处最有情趣的生活形态，而且每一种形态都是一件精美的艺术品。

比如：在那个物资匮乏的年代，能够把玩的东西不多。他特别喜欢踢毽子，但是从来不会踢买来的毽子，都是自己亲自动手制作。在他看来，毽子的材质一定要用活鸡的毛，这样做出来的毽子才有灵动的气韵，踢起来时人和毽子才会神采飞扬。

而踢毽子也是有讲究的，有着自己特有的动作，比如转、绕、舞等。没有看到汪老的文章前，我觉得踢毽子就是一项健身娱乐运动，看过之后才明白，原来只是这么日常简单的一件事情，就可以被一个有趣的人刻画成如此饶有情趣的模样。后来我每次在踢毽子时，都会觉得这是一件特别好玩的事情。

了解汪曾祺的人都知道，他一生历经无数苦难和挫折，也遭受过各种不公正待遇。只不过，即使是风雨如晦，他依然是那个快意从容的汪曾祺，用旷达洒脱的风骨，创造了诗意的文学人生。汪曾祺喜欢画画，岁朝清供是他最青睐的画风，所谓清供，指的是一种民俗，是一种春节时用来摆放在案头的清雅之物。

这些清雅之物一般都是一些品性高洁的花，比如水仙、蜡梅等。当然这是富贵人家才能用得起的花，于是，那时的汪曾祺，便用萝卜做成"清供"。就是将萝卜削空，在空空的萝卜里栽下蒜头，固定好后将其挂在临窗的位置。

每当微风吹过，淡绿色的蒜叶和泛着粉红色光泽的萝卜，在风中摇曳翻飞，看上去清新唯美。汪曾祺就这样坐在窗前，以雅致之趣看岁月静好。

这就是汪曾祺的世界，一草一木皆有生活趣味的世界。

汪曾祺用他的故事告诉这个世界：其实，无论生活如何悲欢起落，那些情怀和快意，却从未离去，就看世事喧嚣处，我们的心是否玲珑剔透，是否可以照出生活的闲情雅致……

读到梁启超的《人生拿趣味做根底》时，其中的一段话深深地触动了我：有人问梁启超，你信仰的是什么主义？他说，是趣味主义。

又有人问他,你的人生观是以什么做根底的,他便答道,用情怀和爱好的趣味做根底。

于是,在梁启超的世界里,根本不存在愤世骇俗的字眼,在他眼里,任何事情都是津津乐道的存在。就算挫败,他也会在挫败里以潇洒的风骨,静静地看过关河日月。那是在生活"好玩儿"的情怀和爱好里,一点点如大浪淘沙般的心境沉淀,而俯身捡起来的,都是快乐的余味。因此,尽管梁先生也在奋不顾身地努力奔跑,然而却从不觉疲倦。精神上的快乐,完全抵得过世事沧桑萧索……

就像我曾经的一位同事,如这个时代所有的人一样,过着单调乏味朝九晚五的生活。而他看起来却总是精神饱满,笑意盈盈,不知道的人,都说他是在用光鲜的状态掩饰内心的疲惫。了解他的人却深谙他的修身之道,就是一直在用自己的情怀和爱好,填补着所有的闲暇时光,或书法,或美食,或品酒,或绘画,或垂钓,或研读国学,或探究养生……

每年他都会给自己一段旅行的时光,在悠悠天地间,看匹马天涯、看烟雨轻舟、看快意湖山……日积月累,因为爱好趣味的浸润,他的精神和灵魂也有了一份广博深远的气度。于是,后来的他,因为从容淡定的处世态度,和见多识广的独特个性,赢得了属于自己的精彩人生。

他是我一个朋友的舅舅,五十岁那年查出了癌症,在别人眼里,这样的境遇想必是全世界都坍塌了,而他却不以为然。

大家本以为，他的人生会在化疗里消磨殆尽，可是他却在常人难以企及的好心态下，开始了他"好玩儿"的人生：书法、摄影、画画、品茶、唱歌、朗诵、骑马、打球、围棋、旅行、登山、隐居、养花种草、瑜伽、打坐、制陶、烘焙、印染、读书、写作等等，这些美好的生活元素，像一朵朵盛开在荒野里的花，在他的生活中绽放出欢快的馨香……

原本他的性情里，就有一种豪放不羁的气韵，这样的人，又怎么会被无常的世事牵绊。岁月意趣在手，傲然洒脱于心，已经足够。

他说，反正生命已经不知今夕未来，不如把自己喜欢的一切新鲜好玩的事情，都发挥到极致，也不枉来这人间一遭。

于是，他做的第一件事，就是带着同样心有意趣的妻子，来到憧憬已久的加勒比海，他们穿着热裤比基尼，秀性感海滩肌肉照，玩儿海盗大战……那疯狂恣肆的样子，让年轻人都望尘莫及。

他痴迷摄影带来的乐趣，为了拍出世间万种风情，每走过一处秀水青山，他都会细细研究每一处景致的各种形态，有时为了拍日出日落，他会站定等待，用整整一天的时光来捕捉生命中最美的那一瞬。有一次，为了拍一朵在悬崖处延伸的雪莲花，他差点坠落山崖。每当说起这段故事，他都会幽默地笑着说："如果真的坠崖，那一定是生命中最灿烂的坠落……"

他享受着山居的乐趣，那一年的春节，他回到家乡农村，把父母留给自己的闲置了很久的房子彻底翻新。那时，他俨然就是一个不闻世事的农人，刨木修枝、和泥抹墙、搬砖搬瓦。每当干活累到无力时，他都会带着一脸尘土回头，看戴着头巾的妻子，弯着腰捡柴做饭，妻子也心照不宣地抬起头，那一刻，他们相视而笑……

如今，连他自己都忘记了自己是一个癌症患者，他只知道，他一直在属于自己的快意人生里，极致而有趣地活着。

由此，我不禁想到了杂交水稻之父袁隆平。袁隆平把游泳看作自己一辈子的爱好，在他看来，爱好是乏味生活里的一束光，尽管科研工作十分繁忙，他天真烂漫的童心却始终无法被淹没。因此，心有意趣的他，总是能把生活过得风生水起。为了庆祝他和妻子的新婚之喜，袁隆平突发奇想，在月上柳梢头的夜晚，拉着妻子的手去河里游泳。月色如水，夫妻二人如一对翩然畅游的鸳鸯，在沾染了月色的碧草间穿梭，那种惬意自如，仿佛能抵御世间万千烦忧。

除了游泳，袁隆平还非常热衷于打气排球，于是，大家总能看到身材瘦削的他，在球场上生龙活虎地奔跑跳跃，阳光打在他浸着汗水的侧脸，反射出一道灿烂的光芒，这道光足以点燃他对科研工作的激情。我想，如果没有这些"好玩儿"的爱好熏染，那粒生命的稻谷，也不会在阳光下迎风摇曳，熠熠生辉。

有趣的人，是这个世界的一束光。就算世事依然繁杂喧闹，他就在那里，用自己的光和热，静静地爱着时光，静静地照亮着自己，也照亮着别人。

第八章

带着冒险的冲动,行走在
"放浪形骸"的热带火花里

那些很冒险的梦，是覆盖式的快乐在俗世外弥散

有趣的人生，需要的东西真的不多。偶尔，在繁忙的生活之余，带着衣带如风的自己，肆意地杀入红尘，依稀可见心底那些从未忘记的初心，这就是疲惫最好的安放之处。

她是一个让人羡慕的姑娘。

她肤白貌美，冰雪聪明，家境优越，博学多才……女孩羡慕的所有优越条件，统统被她集于一身。从小，周身散发光芒的她，就是无数人目光围绕下的完美女神。这样的她，本该是资本在手，傲然于心的。

可是，她并不快乐。她说，她的生活没有乐趣。

一直以来，书香门第的家庭观念，将她的身心在完美的框架里桎梏，没有盛放的少年时光，亦没有豪放与自在的青春体验，有的只是那些条条框框里不可翻越的陈腐规矩。

她说，她特别羡慕那些走路带风、洒脱不羁的人，她也希望自己可以在策马江湖的恣肆里，看尽"扬鞭东指即天涯"，看尽那些心中期盼了许久的冒险梦。后来，她开始跨越规矩的藩篱，一点点接近自己憧憬已久的模样：她试图舒展以最淑女的姿态保持了许久的肢体语

言，带着几分俏皮的夸张，在每一个朝气蓬勃的日子自由驰骋；她试着脱掉标志性的女神装束，穿上个性张扬的奇装异服，浑身轻快地走在路上；她卸掉了涂满各种化妆品的妆容，一束马尾，一张素颜，连笑容都是清澈的……

那是怎样的豪侠之气，带着狂放不羁的灵魂，走在轻盈如风的路上。她说，有趣的人生需要的东西真的不多，带着衣带如风的自己，恣肆地杀入红尘，依稀可见心底那些从未忘记的初心，就很好。

这是她想要的人生，我想，这也是我们都想要的人生。

我曾经在读者群里做过一项调查，是关于大家如何看待循规蹈矩的生活，读者们寥寥数语，道出了每个人深藏心底的心声。于是，我把大家的想法，写进了故事里。

有人认为，如果非要问循规蹈矩的生活有什么不好，其实现实中的每个人都是在按部就班的生活中走过来的，只是太安稳的生活总是让人感觉少了一些乐趣，觉得人生短短几十年就这样度过，实在是太亏了，那些无波无澜的生活，也许会成为多年后的遗憾。读书时，拼了命地为自己赚个好学业；工作后，又拼了命地想要谋个好职业；结婚后，男人想着养家糊口，女人又忙着生儿育女……这样的轮回循环，确实是很多人的生活状态，是一辈子的人生缩影。有点麻木，又有点无奈，最后也只能随波逐流。

有人认为，生活总要有那么一些时刻，是应该在走路带风的策马江湖里，看那些曾经很冒险的梦，做一些这辈子想做，又一直没勇气去做的事：比如，离开现在墨守成规的生活，换一个生活环境，去到一个陌生却喜欢了很久的城市，开始一段全新的人生；比如，离开那个依赖很久又不爱自己的人，离开一段不开心的情感，重新找回那个独立自信的自己，活回那个潇洒走天涯的自己；比如，去做一件期待了很久却没有太大把握的事情，也许做了以后不一定成功，但是此生一定不再有遗憾，不计结果，只在乎追梦的酣畅，就是惬意人生……

也有人说，循规蹈矩、随波逐流的状态，让生活失去了最初的期许和趣味，甚至把曾经的梦想都磨蚀得面目全非，让心灵在本该如夏花般怒放的大好年华，活成了卑微而苍白的模样。倒不如干脆重置那些食之无味、弃之可惜的生活，找回自己最初的梦想，未来会发生什么，无人知晓，把眼前的每一天活透活够，才是王道。在某个适宜的日子里，放下人世烦扰，收拾行囊，走在那些随心所欲去冒险的路上，试试自己的极限到底在哪里！

其实，人生不过是一场流浪，不断追逐不停辗转，与其焦灼地跋山涉水，不如大刀阔斧地劈开焦虑，任身心游走在激情澎湃的路上，至少可以给逼仄的生活一处海阔天空的灵魂栖息地。

说到这个话题，我想到了"当垆卖酒"的卓文君。

卓文君可是个奇女子，一生不按常理出牌，尤其是对待爱情和婚姻，在那个男尊女卑的时代，她完全能够挣脱封建礼教的束缚，过自己想要的生活，为自己的人生翻越那堵循规蹈矩的墙，就算那是一场冒险，她也愿意狂放不羁，恣肆天涯。

她是西汉的才女，出身富甲一方的家庭，其父亲是四川临邛的大商人。卓文君不仅姿色出众，而且才华横溢，精通音律，善弹琴，这样的女子，按照当时的封建礼教，本该是大门不出二门不迈的千金大小姐。可是卓文君却不愿意在墨守成规的生活里，以无趣的生活方式度过自己的一生。

都说红颜薄命，卓文君按照封建礼教嫁人后，丈夫意外过世。她是个聪明的女子，她知道，身在浮世人海，落花流水、不停辗转，是生活的常态。后来她便以最坦然的心态回到娘家生活。

只是，命运在敲击一个人的时候，也不忘记给一个人铺设满路芳菲。后来的卓文君遇到了司马相如。司马相如是西汉文学家，有趣的女子，与有趣的男子在一起，必然会擦出电光石火的激情。

文君真真是一个饶有情趣的女子，那个时代女子的三从四德，并没有囚禁她纵马天涯的心性。寡居的女子怎样？父亲不同意又如何？不知道两人未来的路在哪里又有什么可怕的？浮生如梦，与其畏首畏尾，不如酣畅淋漓地来一场冒险，也算不枉来这人间走一遭。

于是，她决定与他私奔，他们来到司马相如的家乡成都。那个时候，他的家中一贫如洗，为了谋生，她决定和他一起开一个酒馆。卓文君当垆卖酒的传奇故事，便由此上演了。店铺开张的那一天，她布衣布裙布头巾，略施粉黛，一脸笑意盈盈。他站在身后，打扫货架，她回头，他抬头，两个人俏皮地冲着对方眨着眼睛，吐着舌头，无限情趣便在小小的酒馆悄悄蔓延开来。

在最平淡的日子里，他们从不在意别人的眼光，日子是自己的，和他人无关。一个心有意趣的人，从不会为了横平竖直的规则，而委屈了自己的生命质量。那些日子里，卓文君负责卖酒，司马相如负责其他杂事，两人硬是在那个时代人们不理解的眼光下，把店铺经营得有声有色，把小日子过得红红火火……

那些很冒险的梦，真的可以在覆盖人间疾苦的同时，点燃一束快乐的花火，让原本黯淡的人生刹那间风生水起。

如果你打开抖音，搜索"小飞在巴基斯坦"，就会发现他。他是河南的一位普通农民，却过着常人难及的生活，他就是抖音坐拥九百多万粉丝的王龙飞。从厨师到保安，再到公司老板，直到后来在巴基斯坦当上了村长，一路走来，他带着衣带如风的自己，潇洒地杀入红尘，让那些很冒险的梦，带着覆盖式的快乐，在世俗的条条框框外弥散。

最初，在南下广东开饭店的那段日子里，爱冒险的王龙飞在很短的时间内就赚了近百万，随后他和朋友投资开了一家公司。老天不会辜负每一个带着梦想上路的人，成功后，曾经对他冷眼相看的朋友，如今也都变成了笑脸相迎。

本以为人生已经达到巅峰的王龙飞，却迎来了人生的低谷，这年，王龙飞的公司因为经营不善濒临破产，从百万富翁到身无分文，这种巨大的落差感让他万念俱灰。可生活固然跌宕起伏，日子总是要过下去的。爱冒险的浪漫情愫在王龙飞的精神深处如熊熊烈火般燃烧着，于是经过多方咨询，他决定飞往巴基斯坦开启自己的寻梦之旅。

刚到巴基斯坦，身在异国的陌生感让王龙飞一度无所适从，喜欢挑战的他选择了在中餐厅打工，那时正赶上巴基斯坦开展"一带一路"，其中有一个项目就是扶贫。王龙飞在运送扶贫物资时第一次见到了当地的贫民窟，只见摇摇欲坠的帐篷里，躺着几个面黄肌瘦的小孩，他们衣着褴褛，目光晦暗呆滞，看到王龙飞提着物资，孩子们就会马上围上来，用楚楚可怜的目光望着他。王龙飞心疼地摸着孩子们瘦弱的肩膀，把食物逐一分给他们，看着孩子们贪婪吞咽食物的样子，他忽然觉得自己曾经所承受的人间疾苦真的不值一提，而且能够为这些孩子尽一点绵薄之力，他内心的快乐感和满足感也在精神深处慢慢升腾着。

后来，不愿被世俗束缚的王龙飞又做起了玉石生意，一时间，他的生意做得如火如荼，但是，善良的他依然会自掏腰包，去贫民窟做义工。就在国内短视频平台兴起时，他成了一个快乐的自媒体人，开始了一段疯狂的网络之旅。在之后的两年时间里，王龙飞不仅会在抖音视频里和粉丝们分享自己乐观生活的信念，还一直坚持给贫民窟的人捐赠物资，偶尔他也会直播贫民窟的生活，这不仅为这些贫民注入了快乐生活的源泉，而且也让更多的网友看到了世间疾苦里最温柔美好的一面。

王龙飞给这个贫民窟小村庄取了一个很温馨的名字：星光村，村民们还一致决定让王龙飞做村长，因为在他们看来，王龙飞就是为他们带来快乐和希望的一道"星光"。

这就是王龙飞的快意人生，这段人生不仅让他自己活得风生水起，而且也照亮了更多的人。

跨越千年，从西汉的卓文君，到如今的王龙飞，他们都是这俗世红尘中最平凡的人，可他们却总是能在走路带风的肆意挥洒里、在那些看似很冒险的梦里，把手里的每一张坏牌，统统逆袭成一副有趣又生动的好牌。

也许他们并不完美，可是他们的人生却是有趣而饱满的；也许他们并不成功，但他们却是一个不折不扣的冒险家。因为他们明白，人生跋山涉水，未来深不可测，与其循规蹈矩、黯然一生，不如临风长啸、饮马江湖，才是真正的快意人生。

如今的我们，看过他们的故事，是不是也有了几分忙碌喧嚣中的飘然情怀，也愿意试着偶尔走出逼仄的空间，去开启一场做了很久，又一直不敢去追逐的"很冒险的梦"？

无论爱情、婚姻、工作，还是生活，我们都需要偶尔走路生风、飘然尘外放浪形骸一次。让那些很冒险的梦，带着覆盖式的快乐，在世俗的条条框框外弥散……

若苍白成为重大过失,"放纵"便是最大刀阔斧的救赎

其实很多时候,我们不一定要走得很远,以数尺之躯去丈量远方,只要心有意趣,从此间到别处,从小路到大漠,生活的细节里,便有了快乐升腾的意象。

我们无数次提到的,都是关于这个时代的"匆忙"。

我们也似乎习惯了这种匆忙,从南到北,从东到西,从清晨到日暮,从潮起到潮落,人生就像是一个永远没有尽头的圈,我们被迫在其中旋转,直到麻木,继而苍白。

苍白,是这个匆忙的时代最终的影像,呈现在生活的底色里,伴着每一个拼命的日子,孤独前行。

这个世界,如果说苍白,苍白里便是日光之下的无尽喧嚣;如果说灿烂,那一定是这一路上偶尔的意趣"放纵"。这个世间缺的不是风景,而是看风景的人。小桥流水、细雨斜阳,并未疏远世间之人,只是我们在追逐名利的路上,遗失了诗意、忘却了趣味。

身在浮世红尘中的我们,是不是都有这样的感触:我们的生活就像一张网,层层叠叠,覆盖在年复一年追逐忙碌的时光里,纠缠成厚

重的茧，套住疲惫不堪的心。我们身在其中，外界的压力层层叠加，里面的自己又不停地如蚕般，吐出更多的丝。于是，里外夹击的负荷，让身心越缠越紧，如附在孙悟空头顶的紧箍咒，随着一声声世俗的咒语，被束缚到头痛欲裂，不得翻身。

我们一直身在其中，被流年的丝，囚困拘禁其中，没有一刻可以放开手脚，偶尔添加一段逍遥的时光，为苍白的生活，擦亮一抹"放纵"的绚烂色彩。

多想在那样一段放纵的时光里，去触摸生命原本应有的妙趣横生。

想必，这是每一个经过繁杂世事之人都有的心声吧。

于是，"救赎"这个词，便成了现代人心底的诉求，于是，便有了"世界那么大，我想去看看"的呐喊，也有了"让我们一起逃离北上广"的呼声。直到最后，当我们听到"离开北京两年后，我悔不当初"的返潮声音时，才发现，原来遗失了心灵的意趣，逃到哪里都是枷锁，躲到哪里，都躲不过风雨未央。

穿越千百年，来到古时岁月，那里的人们，学文习武，修身齐家，治国平天下，为仕途励精图治，这是那个时代的每一个男子都想走的路。他们所承受的时代压力，不亚于现在的我们。

可数百年前，偏偏有那么一个人，不愿拘泥于苍白的社会体制，冲出时代藩篱，用"放纵"的姿态，为我们演绎了妙趣横生的灵魂应有的模样。他就是清代著名诗人袁枚。

他用他的一生告诉我们，流年掠影，其实没那么多身不由己和迫不得已，不过是为了醉心云水、快意平生罢了。

袁枚出身书香门第，在那个崇尚功名仕途的年代，天资聪颖的他，还算功名顺遂。

他十二岁中秀才，二十三岁中进士，进入翰林院做庶吉士，而这原本是仕途壮志凌云的开始。但天性纵逸恣肆的袁枚，在官场的权谋伎俩中几进几出，终是因为不羁的天性受不了世俗的桎梏，开始了他别具一格的处世方式。

清朝有明文规定，翰林院的庶吉士，一定要满汉知识面面俱到，这也是能留在京城做官的前提。袁枚不喜欢满文，以他的性情，又不会趋炎附势，尽管当时的他如现在的我们一样，也愿意竭尽全力做好自己分内的事情，但不同的是，他纵逸的性情让他始终无法屈尊于自己不喜欢的事情。由于坚持不用满文作诗赋文章，最后他被外派到江南做了个小知县。

还有，官场的礼仪规则太多，除了三跪九拜，就连参拜时的字帖，字迹大小都要严格规定，不然就是不敬。以袁枚的性情，他只愿以凌云之笔，画出世间烟雨斜阳。如果这种束缚让他不快乐，那么他一定会选择另一种可以炫亮生活趣味的方式去取悦自己。

于是，在三十三岁那一年，他选择了辞官归乡。

那一处安身之地，是曹雪芹祖上的大观园。这处园子其实并不是世人眼里的风水宝地，在曹家手里被抄后，又在另一家姓隋的手中没落，想来在人们眼中必是不祥之地。可是，看着这座荒芜的院落，不拘一格的袁枚却着实动了心。

于是心性旷达的袁枚，给它取了一个饶有趣味的名字，叫"随园"。有趣的人生，就应该是随心而为，纵逸而活，哪怕一路风尘，也要白马啸西风，这就是袁枚的人生姿态。

纵逸如他，至情如他。既然那么热爱，必会投注心力。一个有趣的人，必是一个热爱生活的人，于是，在这个庭院里，他除尘垢，建楼台，修花园，置新屋，还种了满园绿竹。在风起的日子里，他喜欢和家人于劳作后端坐石凳上，看晴空万里，看星河灿烂。

园子建好后，他写了一副对联："放鹤去寻山里客，任人来看四时花。"写到尽兴处，忽然心头生出一念：这么美的园子，一个人欣赏岂不是太孤单了吗？

后来，这个"放纵"的男子，居然把好不容易建起来的墙拆掉，敞开庭院迎接八方宾客，从此，随园就变成了南京城里最传奇的景点。

袁枚一生游历大江南北，即使年近花甲，他依然纵逸天涯，有人劝他收敛一点，他作诗答："看书多撷一部，游山多走几步。"

他只希望在关河岁月中，越来越接近有趣的人生和快意的自己。在文学领域，他也从不随波逐流、惺惺作态，他只忠于自己最真实的感受。就这样，袁枚用最豪迈的胆色，和最飘然的真性情，点亮了属于他的盛景繁华。

他是网络上最火的房车旅行直播达人，也有着类似的快意人生。

像这个时代所有的大学毕业生一样，在初涉社会的那段时间里，他最大的心愿就是成为一名商务精英。学习酒店管理的他，毕业后的确如自己所愿，进入一家星级酒店做了大堂经理，每天西装革履地穿梭在豪华的办公区，一副走路带风的帅气派头。

工作就像人生，走着走着，当内心的思想越来越厚重、心境也越来越沉淀的时候，便会越来越了解活着的意义，继而也越来越了解自己想要的到底是什么。

在这份自以为风光无限的工作持续了一段时间后，他发现，每天如一个圈一样，不停旋转的生活方式，已然失去了它最初的魅力。随着时间的推移，他感觉自己的心灵越来越麻木，继而苍白，直到最后，那样的生活俨然成了自由的桎梏，完全丧失了灵魂深处的乐趣。

离开需要勇气，而他选择了"放纵"自我的冒险。直到有一天，他过上了人人羡慕却不是人人敢为之的生活：开房车周游世界，写游记，做直播。虽然这样的生活依然是行色匆匆，一路风尘，但是，在这段看似颠沛的旅程里，更多的是飞扬的豪情万丈，这就足够了，不是吗?

就这样，他行驶在晴空万里、自由驰骋的路上，他已然不再是苍白生活的奴役。他可以一路柴米油盐，也可以一路家长里短，用移动的铿锵之声，去丈量世界的模样。

别看那一辆房车只有很小的面积，却可以是整个世界，日常生活和工作全部浓缩其中。他平时的游记都是坐在床上抱着电脑完成的，只要出版社催得不急，他便可以不慌不忙地写完。晚饭后，他会开一段时间直播，现代繁忙的生活，让很多羡慕他的生活却无法选择这样生活的人，喜欢上了通过他的直播了解房车生活的乐趣,于是他的粉丝越来越多。

在这个小小的空间,饿了可以煮饭吃,累了倦了可以随心所欲地躺下,看到醉人的景色,便可停车驻足欣赏。在那些并不出名的小景点,于时光的静谧处,会发现很多平时都无法领略的奇特风景。

他说,这是多么有趣的生活啊。可以在一个悠闲的下午,把车开到某条溪水边,躺在车里,金灿灿的阳光透过树影洒在身上,与身边波光粼粼的湖水相映生辉,这一刻,他的身心伴着幸福的光晕,洋溢在温暖的春风里。

抑或是黄昏,房车无意间开到了某个山坡,夕阳的余晖在天边开出绚烂的深紫色,他站在一大片紫色云朵下,仿佛骤然间闯入了一个奇幻的天外之境,浑身充满已然不知今夕是何年的飘然。片刻后,满天繁星纷然亮起,他只身站在天幕下,在这美轮美奂的景色里,仿佛自己就是如画风景中的画中人……

现在,他依然在路上,他出版的房车旅行记,是经久不衰的畅销书,他直播间的粉丝量也与日俱增……

他说,正是因为有了擦亮苍白生活里的那一抹"放纵"色彩,才有了今天气贯长虹、快慰平生的自己。

有时,我们不一定要走得很远,以数尺之躯去丈量远方。只要心有意趣,从此间到别处,从小路到大漠,生活的细节里,便有了快乐升腾的意象。

如果,生活中的苍白夺走了我们的快乐,那么"放纵"便是最大刀阔斧的救赎……

一定要走过世事纷扰,带着"天性"走到灯火通明

很多时候,生活中的我们有责任,有角色,不可能日日纵情山水,只是,当我们走过世事千里时,别忘了带着自由的"天性",一步步走到灯火通明……

什么是幸福?

面对这个永恒的话题,每个人都有不同的答案,千百年来,每个人也都走在寻找这个答案的路上。于是,红尘辗转,人生漂泊。

过尽千帆,走过世事千里,蓦然回首间才发现,原来,幸福就是舒展"天性"。

若是为了所谓的世事浮华、红尘欲望、人世追逐,而忘记了人天性中的乐趣,那么世间的幸福,便真的无处安放了。

什么是天性?

很简单,猴子喜欢爬树、豹子喜欢奔跑、老鹰喜欢飞翔、企鹅喜欢游泳……当它们被囚禁在动物园的笼子里,来回踱着步,焦虑地嘶吼时,我们知道,那是它们的天性被压抑时,内心深处的挣扎和呐喊。给它们掌声,不如给它们自由的天地;给它们欣赏,不如给它们奔跑

的空间。这就是天性的本质。

天性，不倾城不倾国。却能以自己最喜欢的姿态，惊艳时光，颠倒岁月。

什么是人生？

人生就是一场流浪，从此处到彼处，最好的结局是，出走多年，归来仍是不忘天性的少年。

所以，舒展天性的人生，才是通透的人生。

看过三毛的《万水千山走遍》后才知道，一个性情中人感悟世事的乐趣就在于：天性所归，率性而活。

三毛的一生，只活在自己的天性本色中，她不需要被世俗认可，无论时光如何变迁，时空如何转换，都无法消融她内心最真实纯澈的天性。她可以抛下世事红尘，漂泊半生环游世界；她可以在撒哈拉的漫天黄沙里，把干旱荒芜过成晴天碧海；她可以在尽情燃烧的短暂一生中，活成不负人间的绚烂绽放。

在生命的过程中，每个人都有自己的方式，她找到的是最接近心灵底色的纯粹，和生命的自然绽放。

也许，三毛活着的姿态，并不完全属于这个世界，也不是这个现实的世界能常有的清欢。只是我们需要明白，人生，既要寻找质量，也不能少了意趣；既要创造价值，也不能少了天性。

浮生若梦，为欢几何？谁的一生不是颠沛流离？

三毛也一样。小学时，因为数学成绩不好，她经常被数学老师羞辱，敏感的内心一度陷入抑郁症的绝望中，童年的乐趣，似乎就此戛然而止。经历了那些侵蚀了尊严的伤害后，她似乎再也走不出来了，似乎这一生，都要在黑暗中泅渡，挣扎着遥望永远到达不了的彼岸。

然而天性喜欢自由的三毛，最终还是走出来了，没有了恣肆生活的乐趣，她就不是我们看到的三毛了。只不过，在那段恢复期，心灵的挣扎是成长的必经之路，不快乐就不快乐，生而为人，谁又没有烦恼呢？聪明如她，悲伤就悲伤吧，该来的总会来，该走的总会走，情绪也是一样，顺着天性来，就是最好的救赎方式。

果不其然，一段时间后，她走出了阴霾，就像她说的，世界是什么样不重要，重要的是，天性里的自己想要活成什么样。

再后来，父亲送她去学画画，机缘巧合之下，她遇到了点亮她一生的事业——文学。从此，走进书中的三毛，就再也没有出来过，她在书中一点点读着这个世界，还有这个世界里的自己。每一处文字的角落里，似乎都有无数个星星，在夜空里照亮了她的萧索，也照出了更多她天性深处的路线。

在那一段又一段日渐明晰的路线里，是一段又一段自愈的时光，走着走着，痛着痛着，她终于明白自己想要的是什么了。

这也是现在的我们都在走的路，不是吗？

去马德里之前，那段开到荼蘼的初恋，也曾让她痛彻心扉。慢慢走出来后，三毛明白了一个道理：爱情如花，有时会盛开怒放，有时也会枯萎凋零，何况人生除了爱情，还有很多美好的东西值得全力以赴。于是她决定顺从自己的天性，在仗剑天涯的妙趣里，见天地，见众生。

那年，她来到了马德里。在马德里留学期间，善良的三毛一直是宿舍里的老好人。直到有一天，面对室友的得寸进尺，她终于爆发出了天性中最真实的正义感，那一刻，她拿起扫把，和她们大打一架。天性这个东西很奇怪，当你敢于展现它时，它便会为你赢得灵魂的自由和尊严。于是，这一次打架事件后，也许是她们看到了三毛烈性里的正义，也许是看到了三毛捍卫自己尊严的凛然，舍友们竟然开始对她毕恭毕敬。

那一次天性的释放，让三毛懂得了一个道理：生活很苦，唯有将真实的天性放置在路上，走得不卑不亢，才会欣赏到最舒心快意的风景。就算是流浪的模样，也要以铿锵之声，豪气上路。

后来，三毛遇到了她一生的挚爱——荷西。摆脱传统的婚姻观，嫁给小六岁的荷西，是她这一生最忠于内心的选择，也是最幸福的选择。没有浪漫的婚礼，也没有拖地的唯美婚纱，在漫天黄沙的撒哈拉，他们在最简单的婚礼中情定终身。结婚的定情信物是深爱的男人做的骆驼头骨，可三毛很开心，只要能跟荷西在一起，其他的都是身外之物。这就是她天性里的纯粹。

新房，也是简陋无比，可三毛却把每一天的生活过得有声有色。一个轮胎，可以变成一个沙发；一块陈旧的羊皮，可以做成一个坐垫；

一个大水瓶插上一朵野花，就是最美的装饰。一个有趣的人，无论走到哪里，都可以用灵魂把时光晕染成最绚丽的色彩。

顺应自然的天性、顺应生命的燃烧、顺应灵魂的走向，千山万水走遍之后，经历过丰盛的人生，在那颗赤诚之心中，接近最真实有趣的自己，我想这便是三毛想要的幸福吧。

诚然，我们都会老去，从清晨到日暮，不过是刹那光年。最重要的是，穿越纷扰世事，我们仍能在疲惫的生活之余，保留几分清澈与意趣。

曾经，我们期待成熟的世界，多年后，我们终于发现，不失天性的少年心，才是生命最难得的模样。

出现在各大自媒体平台时，她已经是蜕变重生后光芒万丈的样子，视频里的她春风满面地带着粉丝们开启了一场又一场纵马天涯的旅行。

只是在这之前，她的人生是破碎的。那一年，她经历了人生最灰暗的时光：亲人接连去世、男朋友移情别恋、升职的机会被同事替代、多年的好友分道扬镳……

像所有历经世事苍凉的人一样，她也曾把自己关在房间里，用酒精和香烟麻痹着自己，第二天还要以颓废的姿态继续应对工作。于是，她失意狼狈的样子成了全公司的笑谈，每次置身办公室，面对同事鄙夷的目光，她都想逃离，但是为了生存，她还是选择了隐忍……

当压抑的情绪达到了无法支撑的临界点时，她感觉自己的精神要崩塌了，生活的乐趣荡然无存，灵魂深处的天性被世事掩埋。她很清楚，如果不尝试走出这种状态，自己的生活将失去自由快乐的质感。

后来，她开始在网络上倾诉自己的心声，她的故事引起了很多网友的共鸣，关注度也越来越高。某天，她突发奇想，决定用视频的方式带大家一起开启一场治愈之旅。于是，她将一直以来自由不羁的天性还给了自己。第一站，她去了西藏，辗转了三十个小时，沿途经过唐古拉，一路风尘，却也一路欢歌。陌生的地方，陌生的人们，每一片土地，每一张脸，都是一个故事，每到一处，都是不一样的惊喜。她大口吃饭，大声说话，舒展着肢体深处最本真的天性，虽然最初有点适应不了高原气候，经常脸红脖子粗，但是内心的乐趣，却能以凌云之笔，画出气贯山河。

那一次，她游览了很多地方，用脚步丈量着长久以来被悲凉压抑的天性。她走过的足迹踏遍了西藏的各个地方，最后一站停在了帕拉庄园。那是西藏现存最大的贵族庄园，庄园里绿树掩映，一片世外桃源般的景象。从日光室里巨大的落地玻璃窗前望出去，似乎能看到扎西旺久的那段爱情故事。她在别人的故事里，仿佛看到了自己的故事，那一瞬间，她顿悟了，爱情来来去去是生活的常态，何必在没意义的爱里耗尽自己……

在卡瓦劳大桥，她开始了期待已久的蹦极。网友们透过视频看到，她双腿被绳索绑住，可再粗的绳索都束缚不了她的自由和勇气，只见她张开双臂跳了下去，如释重负的喊声在山谷回荡。那一刻，世界在她的眼前摇摇晃晃，上下颠簸，像极了人生，而阳光照耀下的斑驳湖面泛着点点星光，闪耀在碧波淡水间，像是惆怅世事里的意趣天性，一点点划亮了她生活的暗角。

在尼泊尔流浪，走过一处处神秘而又美丽的地方。在那里，完整地保留着几个世纪前那些被岁月磨蚀的古城，还有洋溢着瑰丽淳朴气息的乡村、高耸入云的雪山、宗教气息浓厚的生活……这些大自然中最质朴的事物，像一只温柔的手，一点点拂去了她内心蓄积已久的悲伤。她还深入最神秘惊险的地方，在那里徒步、攀岩、骑象……体验着生命深处最本真的快乐。

就这样，一路跟着她的视频走过来的网友们发现，每经过一段旅程，她的精神和灵魂都会在舒展天性的乐趣里，获得前所未有的升华，内心的忧郁仿佛一片投掷在碧波里的枯叶，一点点从她的生命里流走，独留一池春水在心头。

找回天性，是为了重生。更是为了见自己，见天地，见生活。

在世间行走太久，天性总会被一层层浮世尘埃覆盖，最后蒙尘而匿，而当天性消失殆尽的那一刻，便是快乐逝水无痕的那一天。

当然，生活中的我们有责任，有角色，不可能日日纵情山水。只是，在倦了累了的间隙里，把上天赋予我们的天性，在顺应生命的道法自然中，演绎成一小段率性而为的小乐趣，就足矣。

那就让我们在走过世事千里时，带着自由的"天性"，走到灯火通明吧……

第一次看到宇宙，是在一刹那燃烧时的火花里

有时，一刹那的燃烧，可以点燃一辈子的平淡无奇，只是一瞬间，平淡生命处那一点疯狂燃烧后的温度，便让我们再一次目光如炬、剑气如虹。

大部分时候，我们的生活都是平淡无奇的，风至便听风，花开便看花，无论在哪里，我们都在生活既定的轨道里，于岁月无声处过着机械般的日子。

这是生活的常态，无人免俗。

苏东坡说："人生如逆旅，我亦是行人。"云水迢迢，关河日月，我们都是过客，在每一处人世间辗转流离，寻找着心里描摹了无数遍的梦想的模样。

只是，走着走着，生命的纹路里便堆积了厚厚的尘垢，每一寸被堵塞的毛孔，都在经历着窒息的窘迫。于是，横七竖八的叹息，随着这个时代越来越厚重的压力，飘荡在每一寸触手可及的生命角落。

但是，生活还是要继续，刚毅的灵魂还要继续逆流成河，哪怕就剩方寸之间的寥落灯火，也还是要以最努力的微光，照亮前路。

微光总有幻灭时,太疲惫的灵魂,总会力不从心。而那一次燃烧、那一次生命的疯狂律动,便是直线生活状态里波动升起的高潮点、是微光忽明忽灭时复燃的引爆力、是疲惫灵魂无力萎靡时被注入的生命原液。

于是,只是一瞬间,平淡生命处那一点疯狂燃烧后的温度,便让我们再一次目光如炬、剑气如虹。

我们的确需要,偶尔让自己疯狂燃烧一次。

燃烧,是这个喧闹得近乎狰狞的时代里,最激昂的沉淀,是动若脱兔的意趣回归。人这一生,谁还没有那么几个让自己一见倾心的人或物,就像平淡的清风明月里,忽然开出一朵夺目的花,似乎一瞬间便炫亮了枯竭干涩的生活。于是,意趣在心头泛滥的那一刻,便有了赴汤蹈火的冲动。

就像她说的,其实很多时候,燃烧是一种匹马天涯的风骨,种下了勇气,就有了魄力。

她是我的朋友,名牌大学高才生,年轻貌美,天资聪慧,毕业后在外企做了高管,年薪丰厚。生活走到这一步,做着别人眼里的人生赢家,似乎真的已经完美无瑕、无懈可击了。

每次看到办公室里健步如飞、神采飞扬的她,我都会惊叹岁月对她的青睐有加,能把家庭和生活经营得如此游刃有余的女人,一定是幸福的。

如果不是后来和她的那次谈话，我一直以为她的生活真如表面上看到的那样，快意无比。那一次，坐在咖啡馆的窗前，她静静地看着窗外的灯火阑珊，随着滑过脸颊的眼泪，她喊出了有生以来的第一句抱怨："我真的很累。"

她说，每天循规蹈矩的工作、平淡无奇的生活，像一张没有色彩的白纸，她不知道该把自己画在哪个位置，她似乎已经找不到自己的存在感了。其实别人眼里这些表面光鲜的工作，并不是她想要的快乐。

她说，工作是生活的常态，但是如果工作成了生活的倦态，并且时而会因为麻木而影响正常发挥，那么工作的激情就会黯然失色，生活的乐趣也会日渐凋零。

她说，她需要一次疯狂的燃烧，来点燃内心的灿烂情怀。

那一次的苏州之行，似乎是命中注定。原本就是学习设计的她，在看到苏绣的第一眼便开始沦陷。

那真的是一道美丽的风景线，绣娘们用一根根五颜六色的线，或以套针，或以施针，或以滚针，将各种花卉、动物、人物绣在绸缎上。于是，一人、一月、一舟、一山、一水、一景……这些生活中寻常巷陌的寻常物事，以灵动的意象跃然于观者眼前。她看着这些精美的绣品，内心对美好事物的向往也在不断升腾。

走在乡间小路上，炎炎夏日，在路旁、在河边，她总会看到一群群嬉闹追逐的孩童，他们光着屁股，不穿衣裳，胸前戴着一个花肚兜。那耀眼的红色肚兜上，各种各样的花鸟虫鱼在精巧刺绣针法的描绘下，于阳光中，红如火，艳似锦。

茶余饭后，人们纷纷围坐在一起，她总能看到那些妇女的头巾上，绣着花好月圆，那是内心对美好生活最真实的憧憬。那些三五成群的老人，拿在手里的烟杆上，都吊着一个绣花烟袋，老人眯着眼，吐出一缕青烟，这情景与烟袋上"山清水秀"的图案辉映成趣，仿佛瞬间便点亮了生活的闲情雅韵。

看着看着，她便对苏绣深爱到骨子里，于是内心萌生了一种前所未有的冲动：她决定留下来，学习刺绣。管他未来是否可期，先抓住此刻的激情，也许就是最好的归处。

学习刺绣，并不是一件简单的事情。七八月的天气都待在纺间，她热得大汗淋漓，初学时手不知道被刺破过多少次，她擦干殷殷血迹，继续穿针引线。即使辛苦劳累，但是在那种为自己喜欢的事燃烧的满足里，她体会到的是无限的意趣生辉。

此中兴致，也许只有置身其中的人，才能体会。

掌握刺绣技术之后，她决定将自己所学的现代设计理念，融入传统的刺绣中，做出不一样的产品。

每一次燃烧之后，都会生出一种非同从前的风生水起的姿态。

精致的传统刺绣，加之蕴含现代设计感的元素，她的刺绣作品成了炙手可热的抢手货。

在优秀设计师作品发布会上，她说：当年自己放弃了高薪稳定的生活，选择用疯狂燃烧的生活激情来唤醒沉睡的灵魂，没想到这一烧，竟成了炼丹炉中的孙悟空，出炉的那一刻，便拥有了傲然于世的火眼金睛。

她的火眼金睛，是发现这个世界妙趣横生之处，最神勇的通道。

这一生，几番风雨，几番春秋，走得总是太急，新途总会成为旧路，于是很多时候，一旦错过机会，憧憬也就成了过往的遗憾。

所以，只有尽兴地活一次，让梦想在每一天的燃烧中沸腾成现实，未来才不会在遗憾的嘶喊中，只剩一句"我好后悔"。

她的学历并不高，但极具文学天赋的她，内心却始终住着一段诗意的人生：边走边写，把每一处远方融进每一行诗里，汇成吟风弄月、卧雪眠云的写意生活。

最初，她像所有红尘之人的命运一样，毕业后进了一家公司上班，成了朝九晚五的打工族。每天如陀螺般旋转着，往返于两点一线的家与公司之间，她的内心是空洞苍白的。

那一次的出走，是鼓足勇气后的一场豪赌，反正继续下去是暗角无声，不如以一种最亮烈的方式来迂回一下，也许就是最好的自我救赎。

于是，带着一股冲动的情怀，她来到一处旅游胜地，租了一间简单的房子，旅行、读书、写作，换了一种生活方式。

她本身就很喜欢阅读，带着读过的文字，看世间每一处风景，那是怎样的美妙时刻。每一天的日子都是从容淡泊的，也是自在热烈的，有风掠过，有水相伴，没有壮志踌躇，没有利欲熏心，只是单纯地将自己安放在山间水湄，等着花开绽放的那一刻。

独行千里之后，再将世间百态跃然笔上纸间，似乎连满腹心事都有了跻身之处……

她说，那段时光，惬意又自在，文字仿佛长了翅膀，与大自然中的一切结伴飞翔。而那些满腹的激昂情怀，似乎也会带着燃烧的温度，等到春暖花开。

两年后，她成了旅行作家，她的书一直高居畅销榜。那些用心走过的路，那些用灵魂写出的字，便是最畅快淋漓的真性情。

所有风生水起的生活，都源于一次次孤注一掷的疯狂燃烧后，余温升腾而起的热烈情怀。他们走路带着风，把平淡的日子过成一声狂笑，那是曾经点燃内心的激情之后又满血复活的生命能量。

没有人看得清楚，未来的哪个节点是自己的归宿，只是我们在沉寂中选择了孤注一掷的燃烧，才得到岁月在疯狂之后的馈赠。

一刹那的燃烧，可以点燃一辈子的平淡无奇。因为有了那一点点的星星之火，才有了燎原的重生气魄。

于是，在一刹那燃烧时的火花里，我们第一次看到了宇宙……

第九章

就这样喜欢人间,喜欢不落的太阳和每天的小美好

你嘴角有一抹暖,那是天涯回归时月亮奔你而来

红尘来去一场,走得太久,最初纯澈的眼神总会在世事的晕染下,变得混沌不清。唯有在时光的间隙处来一场天涯回归,再带着真诚而快乐的自己起航,一切才有了重新风生水起的开始。

我们都是这个世间的过客,过山过水过自己。最后,也都会成为归人,就像所有的尘埃,终将落定一样。

走得太久,我们的面具坚硬如钢,习惯了伪装和隐藏,便再也无法摘取。我们笑着,弯起的嘴角却盛满了情非得已,似乎那些曾经装满初心的真情实感,都已经被现实的生活掩埋在了颠沛流离的路上,想要找回,却是那么的力不从心。

多想,在踏尽红尘时,可以看到陌上花开缓缓归;多想,在行遍天涯时,可以看到回归时的光芒。

那一抹光芒,是一道悟性的灵光,是生活繁杂处的一丝灵感。当灵感乍现,当微光瞬间被点燃时,我们就会顿悟:原来,走得太远,终是要回头看一下,那些遗失在生活深处的真性情,才是我们拼命努力后的最美归处。

彼时的我们，也需要前程名利，但是可以暂且放下前程名利，扬起嘴角微笑着，只爱那一帘月、一壶酒，只爱那东篱黄花。红尘来去一场，漫长的路程风雨兼程，只是时而遇见真诚的自己，才不算负了这春秋草木。

你看，你嘴角有一抹微笑的暖，那是天涯回归时月亮奔你而来……

试想一下，如果我们在行走天涯中，披荆斩棘却依然暗淡无光后，能在顿悟中携一抹快意，伴着天涯回归时的豪气，遇见更好的自己。这样的人生转折，是一件多么美好的事情。

就像柳永。这个自诩为"奉旨填词柳三变"的传奇人物。

白衣卿相柳永，他的出生恰巧赶在了南唐末年，于是他便成了南唐降臣之子。生在宦官之家，光宗耀祖的义务，也就无形中成了他生命中的枷锁。

那个时代中国古代文人普遍的愿望，就是寒窗苦读，考取功名。尤其是到了宋朝，一直以来就是奉行重文轻武的政策，文人地位的提升，给了人们追逐功名利禄的欲望。年少时的柳永，就像现在的我们一样，也是当时那个时代浪潮中随波逐流的一员，赴京应试、高中榜首、加官晋爵、荣归故里，为了这些所谓的名利地位，热情如火。

从古至今，我们都是这样一如既往走过来的。

柳永从未忘记，人要为梦想而战。这也像今天的我们，谁不是带着曾经磅礴的初心出发入世的，只是入世后，我们渐渐在深不可测的世事中迷失了自己、遗失了快乐。于是，如何出走，找回曾经的翩跹快意，再傲然回归，便是我们今天要学的主题。

柳永骨子里传统而正义，只是多才多艺的他，难免多了几分自负和轻狂，以他的盛世才华，榜首提名是轻而易举的事。"定然魁甲登高第"，是他曾经喊出的豪言壮志，可是命运却在放榜之日将他的骄傲击落。

皇榜上密密麻麻的名字里，唯独缺了最应该存在的自己，不曾想过的名落孙山，落在柳永的身上，曾经的豪言无法兑现，世间最尴尬的事莫过于此。

痛苦过后，是自我反省的开始，而郁郁不得志的反省，是内心最不甘心的翻江倒海。明明才情胜过他人，却不及他人幸运，他想要认命，又恨时运不济，也恨英才不得天佑。

带着"忍把浮名，换了浅斟低唱"的哀怨和傲然，他又开始了临窗苦读，以备第二年的应试。也许还是纠结于那份不甘心，他要证明自己一定可以脱颖而出。

第二年应试时，《鹤冲天》一词里的"忍把浮名，换了浅斟低唱"传到了皇帝的耳中，皇帝对他的桀骜不驯极其不爽，大笔一挥批示道："且去浅斟低唱，何要浮名？"

从此被罢黜的柳永陷入黑暗中，似乎永无翻身的可能。

他的痛苦与挣扎，可想而知。带着梦想入世，以为可以不负韶华，以梦为马，最后却坠马而伤，这是柳永，也是我们每个人都曾经历过的生活，不是吗？

那段浑浑噩噩的时光，很悲苦也很漫长，但是生活总是要继续，人总是要走出来，重新整理自己，再重新上路。后来，柳永忽然想明白了，就算时光负了自己，自己也不能负了这大好的年华，于是，他开始了一段找寻自我初心和生活意趣的出走。

离开仕途的名利场，柳永带着豪气和自由，填词作文，翩然落笔，豪放不羁，走到哪里都是海阔天空。他终于明白，这才是他想要的生活意趣。那时的柳永，名气无人能及，粉丝云集，他作词的曲子尽人皆知，经久不衰。他成为"白衣卿相"，他在民间的地位让帝王都望尘莫及。

柳永安然地笑着，嘴角那一抹暖，是他天涯回归时的光芒……

四十七岁那年，无心插柳的他考中了进士。此时柳永的内心已经没有任何波澜，从执着追逐到宠辱不惊，从颠沛流离到风生水起，是后来那些生活的意趣给了他强势回归的能力，也给了他闲看花开花落的心境。

再一次背上行囊上路，不是对曾经失意的追寻，也不是对过往挫败的证明，而是，为了遇见那个更懂得如何权衡浮世繁华与生命意趣的自己。

看过柳永的故事，再看看我们自己的故事。

我一个朋友前一段时间被诊断为重度抑郁症。其实，很久以来，一直处于高压状态的她，就已经露出了身心崩溃的端倪。时代不断攀升的竞争意识，对一个要强的人来说是一种可怕的考验。于是，工作上的负重，加之又要备考，几轮繁忙下来，她的精神彻底崩溃。

　　她说，我经常问自己，这么拼命到底为了什么？这么多年，从起点到终点，一路寻找，一路飘零，曾经的初心，早已被现实磨蚀得面目全非，找不到来时的纯澈，也失去了此时的乐趣。有时很想不如就此放弃，可是想到放弃后的落差，又是无比惶惑。

　　为了调整身心，她休假回家，父亲最懂女儿的心思，于是以最轻松的状态迎接她回家。次日早晨，在久违的鸟鸣声中醒来，她第一次在清晨扬起嘴角最温暖的笑意。拉开窗帘，第一缕晨光带着青草香飘入房间，清风透过树影轻抚她的脸颊，她伸了一个久违的懒腰，惊叹生命的美好之余，感叹自己居然这么多年都已经忘记了阳光和风的味道。

　　早饭后，母亲笑着说要带她去一个地方，为了不让母亲担心，她努力地挤出一个微笑，点点头。

　　在麦田包围的一条小路前，母亲停住脚步，看向她说：这里有没有似曾相识燕归来的感觉？这里有你曾经成长的足迹，你也是从这里起航，开始你人生的追逐之路，只是离开的时间太长，你忘了生活最初的模样和乐趣，也忘了生命除了前程名利，还有篱畔黄花。

　　听了母亲的话，恍然间，她的思绪瞬间穿越到曾经的时光，她仿佛看到少时的自己，春天踩着路边的石子翘首等待一朵花的开放，夏天藏在斑驳的树影下和知了对话，秋天在麦浪如潮的田野里肆意奔跑，冬天和爸妈一起在飘着雪的清晨与雪花共舞……

她记得，那时目光所及之处，生命是鲜活而有趣的。

她记得那时自己经常趴在草边，静静地看着蚂蚁的采食活动，只见蚂蚁成群结队排成一条黑线，犹如仪仗队一般，阵容宏伟，浩浩荡荡。交会的队伍自如穿行，它们触角相抵，似乎气定神闲，又似乎热闹繁忙。

从回忆中抽离回到现在，她突然心生顿悟：蚂蚁的姿态，何尝不是生活的悟道。亦努力行走，井然有序；亦不骄不躁，意趣无限。

她还记得，小时候最有趣的是粘捕蜻蜓。她们会做一杆最长的竹竿，将竹篾弄弯，把两端固定在竹竿的一端，像网球拍般的粘捕器便成形了。接着，便在蜻蜓可能出现的角落，踮起脚尖，趁着晨雾未干，将富有黏合力的蜘蛛网缠绕在粘捕器网球拍上。接下来的时间里，她们便可以在田间地头狂奔，追逐着飞舞的蜻蜓，那一刻，在生活的无限欢愉里，时间似乎都凝滞了。

从回忆中回神，她再次心生顿悟：捕蜻蜓就像工作，努力做好每一件事，却也不忘记在喧嚣的追逐中，把玩出乐趣的味道。

想到这里，她突然脱下鞋子，光着脚丫，一步步地走在田间的小路上。

家乡的小路上，依依垂柳丝与缕缕炊烟交融成最婀娜的舞姿，永远不停歇的小溪和枝头顽皮的小鸟合奏着最优美的乐曲。鸡啼、鸭叫、狗吠，还有小羊熟睡时的鼾声，组合成一首乡村鸣响曲，仿佛整个世界都笼罩在朦胧如轻纱般的梦境里。

就这样，她走在家乡的田间陌上，那些年的情景跃然眼前，曾经满怀壮志，走向陌生的异地，在谋生的奔波中、在闯世界的路上，不断收获，也不断飘落，最后也在生命的轨迹里，疲惫了身心，遗失了乐趣……

母亲坐在对面，看着她："说说感受吧，有没有找到一种天涯回归的感觉？"

她释然地点点头，嘴角扬起一抹发自内心的暖暖的微笑。

母亲笑着说："这就对了，有时，物是人非，是多么可怕。你小时候的这些物件，经历了这么多风雨，依然如初。我知道你这些年行走天涯，疲于奔波，但你要记得，走出去是为了找到更加丰盛的自己，别走着走着，就忘记了归来的路……"

人生如逆旅，遥远的旅程，有很多未知的山高水长。

红尘来去一场，走得太久，最初纯澈的眼神总会在世事的晕染下，变得混沌不清。唯有在时光的间隙处来一场天涯回归，再带着真诚而快乐的自己起航，一切便有了重新风生水起的开始。

你看，你嘴角有一抹微笑的暖，那是天涯回归时月亮奔你而来……

在渐入佳境的人生里,与这一路的颠沛流离和解

人生是复杂的,一面是光,一面是阴影,就光而行,还是身处暗夜,都在于自己的选择。不如,让我们带着几分狂热,在渐入佳境的人生里,与这一路的颠沛流离和解吧。

"世事一场大梦,人生几度秋凉。"翩然走过世间的苏轼,这样感叹道。

我们的一生,是一段遥远的旅程。从开始上路的那一刻,便有了未知的山高水长,而所有的未知里,都藏着阴晴难测的可能性。就像所有追梦的人,带着殷殷期盼起航,把一切以豪赌的方式交给远方,最后的悲喜起落便只能由天意来定夺。

但是,不惧未来的我们还是意气风发地上路了,未来交给未来,远方自有远方,至少每一个现在,在追梦的路上,依然可以享受豪情万丈的时光。

未来不重要,现在才重要。若不是沉醉此刻的信念支撑着,赶路的岁月便会索然无味。纵然前方如浓雾弥漫,可我们总相信,只要有大笔一挥的魄力,也可以画出宏伟蓝图。轻裘快马,气宇轩昂,远方

不可期，却也在脚下。

于是，人生的无数个节点，便在脚下延伸，一点点于现实所到之处，露出每一段人生的模样。而每一段人生的模样里，总有两种元素：一种是现实磨砺下的奔波惆怅；一种是灵魂安放处的欣喜狂欢。这两种元素，第一种是生活的常态，是活着的必需品，谁不是在岁月的追逐中千回百转；第二种则是生命的趣味，是活着的调剂品，谁又不是一边辛苦劳作，一边自娱自乐。

只有第一种，生命终将不堪重负；只有第二种，生活终将一事无成。而将两者铿锵合一，才是物质与灵魂完美交融的高级形式。

世事终是一场大梦，所到之处总有一隅狂欢。

人生有四大悲事：少年丧父母，中年丧配偶，老年丧独子，少子无良师。

人生也有四大喜事：久旱逢甘雨，他乡遇故知，洞房花烛夜，金榜题名时。这句话出自汪洙《神童诗·四喜》。

而这种起起落落的大喜大悲，就像是将一个人抛掷在命运的过山车上，需要多么强大的内心应急能力，才能跟得上这骤然突变的命运速度啊。

而我们今天要说到的这个人，就是王维。

提起王维，这位集诗人与画家于一身的人，是我们心目中永远不食人间烟火的"诗佛"。谁都不曾想到，这样一个恬淡从容的人，也曾经历过那样的大起大落。

年轻时的王维，是一个标准的学霸，少年天才初长成，满身文艺气质。当李白还没有横空出世的时候，王维已经凭借着他的一首《九月九日忆山东兄弟》跃然文坛，扬名天下。年轻时的王维才情人品兼备，有着超凡脱俗的魅力，于是，他的出现引起了玉真公主的注意，公主对王维的盖世奇才极为欣赏，在她的力荐下，王维成了状元。这是王维人生的第一次巅峰期。

也许，太光鲜的人生，总会在极度华丽时燃尽最后一抹光彩。任职期间的王维正沉浸在人生得志的喜悦中，就在他满怀抱负之心准备大展宏图时，却因为一次突如其来的"伶人舞黄狮子"事件而遭遇贬官。从顶峰到低谷的落差，人心会失衡，因此年轻气盛的王维也曾悲愤不已。

但走到这个人生节点，冰雪聪明的他，深谙人世变幻莫测。于是，他挺起被时光之石压弯的身躯，露出浩然无畏的笑容，自我调侃地说："没什么大不了的，就我的傲世之翅，轻轻一扇，也能将沧浪之水一簸而干，贬谪是另一种新生的开始，去艰苦的地方锻炼一下，也未尝不是一件好事。"

这次离开，虽有不甘，却也是意气风发的模样。他相信，世间辽阔，总有自己的容身之地，人生之路，关山迢迢，风雨潇潇，都是常态，但是一定要坚信，总有日光倾城的时候，也总会迎来风生水起的时刻。

这一走就是十年，十年间，他从未因为世事沧桑，而忘记生活的乐趣。把酒黄昏，云风竹影，暮雨春江，都是他快乐的注脚。

十年后，王维回到长安，那时的他已身无官职，一心陪伴在妻子身边，琴瑟和鸣，举案齐眉地过了一段温暖的流光。可无常世事再一次击中了王维，他的妻子因难产去世，未出世的孩子也没了气息。

妻儿同丧，这样的悲痛不是一般人可以承受的，那时王维内心的苦涩可想而知。又一个跌落谷底的人生节点，他该何去何从？若是今天的我们，必是生无可恋、弃世厌生、颓废买醉。可王维却和我们不一样，悲伤如果能填平人生的伤口，那就悲伤好了，可是他知道，悲伤只会让悲伤变得更加悲伤，不如，营造一方生活的意趣，也许才是苦难最好的解药。

于是，他擦干"伤口"的殷殷血迹，开始了游历江南的行程，青山绿水的生活意趣，终能抚平他内心的伤痕。

在这一次历程中，他写下了《鸟鸣涧》和《山居秋暝》。《鸟鸣涧》里，那幽静怡人的春山月夜下，我们看到那时的王维内心清净悠然。"月出惊山鸟，时鸣春涧中"，真正的狂欢，不是歌舞升平，不是推杯换盏，而是颠沛流离时依然达观的心境。

孤独是一个人的狂欢，狂欢是一群人的孤独，内心没有真正意趣的狂欢，其实是最深的孤独。而此刻的王维，因为灵魂深处的豁朗，能体会到真正对世事释怀的欢愉。那一轮明月，在跃动中破云而出，将皎洁的月光洒进山间，把已经入梦的山鸟都惊醒，在惺忪睡意中发出阵阵欣喜的鸣叫。

月、山、鸟、水，这些物象，都在狂欢中传达着对世事的热爱和希望，就像此刻的王维，在世事一场大梦里，找到了颇有意趣的一隅狂欢。

后来的他，不断经历着人生起起落落的节点，而每到一处，他都能找到生活的乐趣，他也总能让自己活得风生水起。

在茫茫大漠中出行，伴着漫天黄沙，王维边走边写，边写边画，于是便有了"大漠孤烟直"的名诗和名画。结果无心插柳柳成荫，《使至塞上》成了世间经典之作。

翩跹如他，洒脱如他，豁达如他，硬是把无味的人生，演绎成了一场清欢。

就像我的一个朋友，在一场大病突如其来降临时，选择了最狂欢的泅渡方式。

抛下医生建议住院的嘱咐，身为教师的他带着新婚的妻子，走进山清水秀的乡村，选择了支教的生活，一是为了完成自己多年来支教的夙愿，二是为了远离城市喧嚣以便养病。

似乎忘记了自己是个身患重病的人，他开始了一段有趣而狂热的生活。

他说，与其在悲痛中让身体每况愈下，不如用乐观天然的生活方式，阻断疾病的生长源，而且与疾病抗衡，除了好心态，还要有好体魄。于是，每日晨起，他必会在依山傍水的乡间小路上打太极拳。有时，他看着那些身体虚弱的老人，或腿脚不便的残疾人，他们即使孱弱也不忘记用最盛放的姿态面对生命，而自己又有什么理由，不以最狂欢的方式，过好眼前的每一天呢？

晨练后，他会骑着自行车上班，穿过呼啸的风，在层层叠叠的麦浪中飘然而过。偶尔，一朵浮云掠过，轻轻袅袅间仿佛带走了满心阴霾。回眸一笑间他终于顿悟：世间沧桑不过一抹浮云，你若轻拿，它便轻去。

课堂上，讲李白的《将进酒》，读到"人生得意须尽欢，莫使金樽空对月"时，见诗仿佛见自己的人生，人生无论得失悲喜，都需要狂欢的意趣不是吗？想到这里，他便声情并茂、慷慨激昂地为学生朗读一遍。得意之余，他遂问："为师读得怎么样？"最前排一学生站起来，一边摸脸一边调侃地说："老师，您读得口水横飞，那绝对是激情飞扬啊……"话未落定，全班哄然大笑，他摸了摸嘴巴，也露出了憨厚的笑容……

午后休息，一抹暖阳穿窗而过，他烧水泡了一壶龙井，适逢海棠花开，花香伴着茶香，在空中萦绕出芬芳的气息。他轻抿一口，茶香带着微苦在唇齿间回荡，就像人生的甘与苦，最终会化为一缕清味，带着生活的气息，融入四肢百骸。他立刻顿悟：人生如茶，不如给世事百态一方自由的空间，任它自由漂浮，才会活得轻松有趣。

每日晚饭，他必会和妻子小酌一杯，常以花生米佐之。生活若有情趣，粗茶淡饭也是美好，此刻他似乎已经忘记了前尘往事，也忘记了疾病缠身，把酒黄昏，伊人在侧，就是最美的时光。某天，见桌上多了一盘鱼干，他不禁窃笑。妻子见状调侃说："瞧你那德行，一盘鱼干你都能乐成这样，若是山珍佳肴，还不得把你美死。"他笑而不语，仰头将杯中酒一饮而尽，内心升腾而起的欢喜，是最狂热的豪迈……

生活，便是以这样的方式，在一隅又一隅狂欢的角落中，累积成自在远阔的模样。

两年后，再次复查时，他的疾病已经悄然消失……

就像演员张颂文在一段演讲中说到的一样：他很感谢那艰难又沉寂的二十年，成就了现在厚积薄发的自己。每个人都会经过人生的低谷，只有像一棵树一样努力向下扎根，枝丫才能向上生长。在自己一生的剧本里，我们都是主演，所以一定要在渐入佳境的人生里，与这颠沛流离的世界和解，这样才能散发出属于自己的光芒。

世事一场大梦，也凉；所到之处总有一隅狂欢，也热。或凉或热，还在于自己把握生活态度的修为里。我们活在难中，也活在易里；活在凉中，也活在热里；活在跌宕中，也活在安然中；活在烦恼中，也活在乐趣中；活在沉寂中，也活在狂欢中。人生是复杂的，一面是光，一面是阴影，就光而行，还是身处暗夜，都在于自己的选择。

不如，让我们带着几分狂热，在渐入佳境的人生里，与这一路的颠沛流离和解吧。

等到过尽千帆王者归来时，山河岁月都做贺礼

本以为已经注定苍白，还好，在回头靠岸的那一刻，我们还是试着捡起那一颗颗闪着趣味光芒的贝壳，拿起来放在太阳下，看着光透过贝壳炫亮生活的苍白。

一直以来，我都喜欢用"过尽千帆"这四个字，来看这漫漫一生的人间过往。

人生里走来的我们，是一片海。看过日出日没，潮涨潮落，每一缕升起的阳光和落下的余晖、每一朵涌起的浪潮和退去的泡沫，是这一生必经的万千世事。我们在升升落落、高高低低间，看着一艘又一艘载着命运的帆船，从远处漂来，那是生命里注定的遇见，无论何人何事，无论好与坏，都是偶然中的必然，都是我们躲不过的宿命。

于是，我们的生命里喧嚣而热闹，人声鼎沸，世事叠加。

我们漂在海上，不断经历，不断收获，又不断失去。我们本身也是海，被缘分注定的人经过、被时光经过、被世事经过。经年之后，被一艘艘漂来留下，或漂来又漂走的船，渡成了"过尽千帆"的人生痕迹。

这,就是我们每一个人的人生主题。

"过尽千帆"出自晚唐诗人温庭筠《梦江南》中的名句"过尽千帆皆不是,斜晖脉脉水悠悠"。人生之海,晨曦与斜晖,伴着那悠悠的江水悠悠地流。身在其中,我们被世事的温暖浸润着心扉,也被世事的喧嚣困扰着心境。

至此,还是回归到我们要说的主题,回归到过尽千帆之后的落脚与安放处,于是,我们便走到了:

沉舟侧畔千帆过,病树前头万木春。

你看,人生的过尽千帆处,翻覆的船只旁,还是有千千万万的帆船经过;枯萎树木的前面,也有万千林木欣欣向荣。

人生跌跌撞撞,我们还是扬起了云淡风轻的面庞,迎着海风,看生命的春天,在无数个意犹未尽的意趣中,绽放出最美丽的姿态,不是吗?

在过尽千帆沉舟处,在风生水起的刹那,看饶有意趣的人生,是岁月最美的归处。

"沉舟侧畔千帆过,病树前头万木春",这句诗出自唐代诗人刘禹锡之手,寥寥十四字,道尽了世事颠沛流离时,内心风生水起的力量和期许。那是一种生命的力量,让我们在不经意间拾起的生活乐趣中,一点点把枯萎的时光凝成绽放的春景。

透过刘禹锡的生活历程,我们可以看出,他的人生也经历过无数次"沉舟",而对于世事轮回、荣辱变迁,他早已学会机智地在沉舟侧畔处,带着几许意趣之心,看病树前头万木春。

对一个有趣的人来说,做人嘛,最重要的是开心。

他第一次被贬的原因有点奇葩:站错队。

那时顺宗刚刚即位,他颇得圣心,于是那段时光便成了人生中最悠然无忧的记忆。只可惜,美好的时光总是走得最快,自古盖世英才被贬的霉运,也没有放过他。

皇室风云莫测,后来太子李纯软禁了顺宗,夺了皇位。于是,曾经顺宗身边的红人,自然便成了新皇帝的眼中钉,刘禹锡开始了第一次被贬之路,新皇帝还在圣旨里强调:纵逢恩赦,不在量移之列。

也就是说,以后所有的好事,都没了刘禹锡的份儿。

第一次被贬的刘禹锡,在这突如其来的世事变迁面前,也曾惊魂未定又措手不及。人生中任何的第一次,都是最难过的关口,那一段时间,他内心的悲痛可想而知。但作为一个情商颇高的有趣之人,他是不会让自己在痛苦中沉沦的,于是,经过一段时间的蛰伏后,他便恢复了元气,绽放出曾经洒脱旷达的天性,平日里除了游山玩水,便是与难兄难弟元稹、韩愈等互寄诗信交流往来。

在那个时期的诗里,我们看到他的身影,在自由不羁的天地间,如凌云的鹤般绽放着人生该有的快乐。

他似乎在用自己意趣无限的生活告诉这个世界:被贬,没什么可怕。我的高洁,我的自信,我自己知道,就算颠沛流离,我也要风生水起。

四十四岁时,刘禹锡终于等到了回京的诏书,可好日子还没开始,就迎来第二次被贬。被贬谪到和州后,刘禹锡被县太爷屡屡刁难,还被安排到简陋的民房居住,没想到刘禹锡倒是一点也不烦恼,呵呵一笑,毫不在意。

知县看他身在逆境,还一天到晚种花养鸟,对酒当歌,一副悠然自乐的样子,心里那个气呀,于是,将老刘的三间屋变为一间半。然而刘禹锡住进去后,却在依山傍水的村落里,天天和村民垂钓下棋,心情大好。

看到这里,气不打一处来的知县,将他的住所换成了一间破旧小房,只有一床一桌,门口还放了一块大石头。没想到,心境旷达的刘禹锡看到这块石头,喜欢得不得了,洗干净后当成宝贝一样天天把玩。

而这句,"沉舟侧畔千帆过,病树前头万木春",就是他被贬流放期间,与白居易一起作诗时写下的名句。翻覆的船只边上,枯萎的树木前面,他依然能用超乎常人的格局,点燃风生水起的人生。

虽无数次被贬,但对生活的乐趣,把他锤炼成了一只打不死的小强。"该出手时就出手,风风火火闯九州……"一路走来的刘禹锡,一路阅尽风尘,也一路绽放快意。

对他来说,千帆过尽皆是缘,心有乐趣处处春。

如果要用一句话总结她的一生,我想到的是:世事深不见底,人生终如浮萍。

　　她是微博里颇有名气的博主，坐拥上百万的粉丝，没有看过她作品的人都以为光鲜亮丽的她一定有着波澜壮阔的人生，其实大家有所不知的是，曾经那一段破碎的人生，几乎击垮了她全部的生命力和意志力。

　　那一年，查出自己身患重病时，她刚和谈了三年的男朋友分手，干了两年的工作也丢了。失业失恋外加病魔缠身，一瞬间她的世界便陷入了无尽的黑暗深渊。

　　奋不顾身的爱情散了，拼尽全力的工作没了，青春健康的身体病了，世间所有美好的东西仿佛突然长了刺一样，根根分明地扎进自己的身体，那么痛不欲生，又那么无能为力。

　　这对于要强的她来说，无疑是一种致命的打击。

　　那段时光多么艰难，可想而知。生活就是这样，别人只看结果，过程只有自己独自熬过。

　　一段时间的颓废后，她开始和自己和解，一个真正有趣的灵魂，在看清生活的真相后，就会与生活握手言和。于是，她决定走出心灵的阴霾，回到阳光下，过灿烂而有趣的生活。

　　那时的她，除化疗必须住院外，其他时间总是化着精致的妆容，穿着得体的衣服，优雅地出现在人们的视线中。培训师的工作干得风生水起，各种讲座活动搞得如火如荼，事业一路扶摇直上，一点都不会给人"病态"的感觉。在那些自以为比她优越的人面前，她总是不卑不亢，做着自己该做的事，活出自己喜欢的样子。坦然地绽放着生命的意趣，是她活着的姿态。

她身上总是散发着一种蓬勃向上的生命力，她的笑容也总是充满了云淡风轻的感染力。我看过她在课堂上讲课的视频，讲到动情之处的时候，她甚至会手舞足蹈地用肢体语言去诠释所讲的内容。记得有一次讲到《卖油翁》时，其中有一句"有卖油翁释担而立"，为了诠释这一形象，她把扫把当作扁担，扭腰歌似的在台上表演，逗得大家哈哈大笑。她的风趣和从容，她的幽默和调皮，让人完全看不出她是一位重症患者，她独特的授课方式，和乐观的处世态度，让人们无比折服。

无论世事如何变幻莫测，却始终无法将她心中的生活乐趣消磨殆尽。她说，她喜欢风至便听风，花开便看花，风来就迎风飞舞，花开便尽情绽放，这样才活得有趣、活得尽兴，这样，才不负来人间走一遭……

其实，活着是一道并不简单的命题，每一天都会有意想不到的事情发生，有伤心无奈的，有啼笑皆非的，有无法言喻的……但是世间的我们，还是会在各种艰难中，被岁月推着走下去。走了很远之后，蓦然回头看时才发现，岁月的海上，我们已经过尽千帆，心海翻腾，无岸可靠。

本以为已经注定苍白，还好，在回头靠岸的那一刻，我们还是试着捡起那一颗颗闪着趣味光芒的贝壳,拿起来放在太阳下,看着光透过贝壳炫亮了生活的苍白。我们终于露出了久违的笑脸,伴着海风追逐快乐,寻找着遗失了很久的生活趣味。

　　于是,在天地间欢呼雀跃时,我们也明白了一个道理:只要熬过去,等到过尽千帆,王者归来时,山河岁月都会做贺礼……

在入世中抖落一身肆意狂欢，从此长居快乐里

这个世界，有很多的纵情，它不惊世骇俗，也不盛大华美，它也许微不足道，也许非常普通，可是，它却能在最美的乐趣里，点燃心里最亮的喜悦，触碰到内心最柔软的记忆，让我们想要暂时放下一切，去追寻它……

读者曾经问过我：生而为人，我们奔波忙碌这一生，到底是为了什么？这是一个无解的话题，永远无法找到一个绝对正确的答案，于是这个话题，也就成了千年不解之谜。

我们今天要说的，不是竭力解开这个谜团，而是这一生，我们都在经历着什么，都在做着什么，怎么做才能不负光阴不负梦想。

其实，我们只需做好两件事，便是心有可依的一生：即入世，与纵情。

入世，是一种必然，也是一种态度。从出生的那一刻起，我们便进入时光隧道，跟着岁月的脚步开始一段旅程，这样的入世，是没有原因和选择的必然。在这个必然里，每个人都有自己的梦想和远方，于是每个人都有了自我寻觅的历程，也因此有了跋涉的匆忙，经年之

后，也渐渐累积出了得失悲欢。

而此时，经过人间的繁华与落寞，能在入世后，托着梦的翅膀，依然爱着光阴，不忘做好身边的每一件事，不负光阴不负梦想。这就是一种在必然的入世后，活出入世时美好模样的人生态度。

这种美好的模样，除了内心的信念和修为，更重要的是，那一颗带着乐趣的"纵情之心"。

我们看过很多励志书，因此我们也深深明白，光靠励志的信念支撑一生的追逐，终有一天会力不从心。此刻，若是适当在修为和信念中带着一颗纵情之心，用作生活的调味品，那一定是最恰到好处的锦上添花。

因为，无论人世何处归途，何处天涯，无论行至何方，心若荒芜，日日都是凄风冷雨；心若安恬，处处都是田园牧歌。

我曾在读者群里做过一次采访，主题是：人生什么时刻最有幸福感？大家都有一致的心声："做好入世时的每一件事，亦可在疲惫的间隙得片刻纵情的乐趣，如此，人生便无憾。"

于是，在读者的众说纷纭之中，我们每个人的心声，也便跃然而出了。

所谓忙碌里的纵情是：突然想回家。

其实现代社会里的很多人，都是离家远游的寻梦者。读书、工作、生活，于是家乡成了梦里的远方。也许是梦想的追逐太过焦急，于是回家的心被久久搁浅，而拼尽全力向前冲的身影，也变得疲惫无趣。多想来一场说走就走的纵情，不再奔跑在世事喧嚣中，而是奔跑在回家的路上，任年少时的梦，在肆意中如风飞扬……

有一种纵情叫：突然想睡觉。

睡觉，是生活的常态，想睡觉这件事，似乎不应该成为一种纵情的元素。可是，在这个忙碌的世间，越是简单的日常，越是不简单。从什么时候开始，我们的睡眠变得越来越奢侈，睡觉时的大脑中依然是生活里无数个需要面对的细节，于是便有了失眠的夜。也有很多时候，我们已经没有了睡眠的心情，总想着时不我待，于是便试图偷走睡眠，来填补不够用的时间。多想来一场只为了满足自己休息的纵情睡眠，脑海中清澈如水，静如处子，一边听着音乐，一边安然入眠，没有尘世喧嚣，没有案牍劳形，甚至可以睡到自然醒，用最自然的生活状态，过最简单的日子……

也有一种纵情叫：突然想到某个地方去。

我们这一生走得焦急而忙碌，于是在历经红尘滚滚、岁月迢迢之后，特别渴望去到某个心心念念的地方，在悠闲的游历中看芳草斜阳，看古道烟雨。可是很多时候，我们想去，却没有时间和机会，忙碌的节奏填满了生活的空间，习惯了眼前的麻木苍白而枯燥无趣。于是你的脑中有了纵情的想法：在某个春日的清晨，放下手里的一切工作，飞到某个憧憬已久的地方，站在细雨里看落叶，站在江枫中看渔火，就很美好……

还有一种纵情叫：突然想喝醉。

人生如戏，起承转合。而我们只是戏中人，被人生书写着，也被人生主宰着，于是，随遇而安，便是最好的人生答卷。幸好，还有月光下的酒意沉醉，人生才不会那么乏味。那一份举杯的潇洒，绝不是借酒浇愁，而是疲累身心处的一场醉意清欢，微醺之际，所有的心事也随着这纵情的乐趣，被熏染成了洒脱的释怀。酒醒后，便又是一条行走天涯的好汉……

这个世界，有很多的"纵情"，它不惊世骇俗，也不盛大华美，它也许微不足道，也许平常普通，可是，它却能在最美的乐趣里，点燃心里最亮的喜悦。或许在白日里，或许在夜晚时，忽然就触碰到我们内心最柔软的记忆，让我们可以暂时放下一切，去寻找最本真的快乐……

她是我的朋友，她说自己这一生做过很多纵情的事情，所以才能活得"风生水起"。

大学毕业那年，她留在家乡的一个小公司做了前台。然而，每天迎客送客端茶倒水的前台工作，做到最后，既没了激情，也没了目标。她感觉，如果自己继续这样苍白麻木地活下去，这一生就真的废了。

于是，经过无数次思想斗争后，她还是决定纵情一回，于是一个人拎着行李箱来到北京。站在北京站的那一刻，她忽然发现，纵情也是需要强大的勇气来支撑的。当时的她举目无亲，人生地不熟，一无所有，一时不知何去何从。

住在出租屋里，她开始了找工作的生涯。每天啃着面包，举着招聘报纸，顶着大太阳，满大街跑，汗水湿透衣衫时，她依然觉得那是梦想蒸腾而出的氤氲之气。在那一次的面试中，一开始面试官很不友好地将她的作品丢在桌子上，声称不需要这样的次品，她霸气地回了一句，能做出次品的人必然有着非同凡响的人生……

也许是因为她不卑不亢的气质，也许是面试官需要这样幽默洒脱的员工，总之与众不同的她吸引了面试官，于是她成了公司的设计师。

这份工作一干就是三年，她的工作能力与日俱增。但是渐渐地，她开始感觉到公司的舞台已经小到盛不下她发展的步伐，再加上每天一成不变的工作内容，消磨了生活的激情。于是，她决定离开。

任何离开都需要勇气，换一份工作也不是简单的事。但是，她还是愿意为自己的生活再纵情一次。

裸辞后，她一直没有找到工作。于是，她开始了一段大胆的尝试：考北大研究生。都说梦想是留给有准备的人，也是留给敢想的人，果不其然，半年后，她真的考上了北大研究生。原来，不是所有的梦想最后都会破灭，纵情，也许不一定有所得，但是不这样肆意决断一回，便一定会负了这人间。

毕业后，她开始创业。创业的最初都是艰难的。那段时光，真的是晦暗无比，每天起早贪黑跑项目，曾因为经验不足被坑过骗过，也曾因为不够谨慎失去过大项目……而这些曾经痛彻心扉的经历，最后却一点点成就了最好的她。三年后,她成了风生水起的商界精英,再说起当年的纵情疯狂时,她说,那是自己一生中最美的时光。

再后来,她谈了一场异地恋,这段异地恋可谓惊天动地,他们只见了一面便定了终身。异地恋是一场揪心的历程,也是对真爱最大的考验,这也是她选择异地恋的原因,与众不同的她,就是要看看,彼此能不能坚守,如果连暂时的分离都不能坚守,那未来又如何能坚守一辈子。两个懂得生活乐趣的人,都有着旷达纵情的性情,这种灵魂深处的吸引,必然是坚不可摧的。两年后,两个在异地恋中坚持下来的人,走进了婚姻殿堂。

那一次,夫妻俩大胆地开启了一场中东之旅,一路各种奇葩事件,说来也乐趣无限。因为是随心游,所以总会遇到各种突发状况,比如,走错地方,无处可栖,他们却遇到了暖心房东,临时借住一晚,那一次后,他们和房东居然成了朋友。比如,没抢到车票,半夜跟当地小哥在马路暴走,去机场买机票。比如,那次迷路,六神无主时,坐在路边,跟阿拉伯酋长们一起抽雪茄,一边谈笑一边赏景,竟然忘了迷路的困惑……

最纵情的一次,是突然冒出来的考博的想法,那时的她已经有了两个孩子。懂她的老公自然不会阻拦,于是她带着大小俩娃,开始了颠沛流离的上课生涯。那段顶着乱蓬蓬的头发,带着娃儿上学的经历,足以让她骄傲一辈子……

她说,余生不长,必须纵情绽放,才不负这人间。

就像我在书里写到的每一个人，每一段故事，都是一场透过浮世繁华，触摸生命中趣味灵魂的历程。对于生命和世界，他们有着独特的理解；对于人生和情感，他们都在追求极致的感受。活，便活得努力认真；乐，便乐得肆意狂欢。似乎，只有风生水起地活着，并妙趣横生地乐着，才不负这人间的旅程。

就像采菊东篱的陶渊明。他淡泊名利，如浮世逸草一般，用住宅边的五棵柳树为自己取名。他远离世事喧嚣，也不羡慕荣华利禄。他喜欢读书，每当对书中内容有所领悟的时候，他就会高兴得像个孩子一样手舞足蹈，这是他独有的生活意趣。

就像人生得意须尽欢的李白。他的仕途并不顺利，但是因为有了有趣的时光，纵然寥落，跌宕处也总有寄情之所。左手酒杯，右手诗经，摇摇晃晃间，便走过了半个盛唐。"花间一壶酒""看花上酒船""酒倾愁不来""且须饮美酒"……这一盏盏酒杯，是他醉意中的快活从容。

就像绿肥红瘦的旷世才女李清照。她一生起起落落，但是这个心似莲花的女子，因为内心世界的丰盈，因为随遇而安的豁达，所以总能在风云飘摇的人生里，带着那一份安闲自得的雅趣，与时光对饮，活得风生水起。

就像品味世间一草一木的汪曾祺。在他的眼里，世间万物皆饱含着生活的趣味。而汪先生也在用他的生活态度告诉我们：其实，无论生活如何悲欢起落、颠沛流离，那些情怀和快意，却从未离去，就看世事喧嚣处，我们的心是否玲珑剔透，是否可以照出生活的乐趣摇曳……

　　随着滚滚红尘走来的我们，在岁月迢迢的路上，唯有以纵情而有趣的姿态行走，在入世中抖落一身肆意狂欢，才能从此长居快乐里。于每一个平凡的日子里，惊艳时光，颠倒岁月，才是不负光阴不负梦的美好存在。

　　岁月，是一场繁忙中的狂欢。我们被岁月认领着，以最努力的模样；我们也认领着岁月，以最有趣的灵魂。

　　在"颠沛流离"的岁月里，看"风生水起"的世事，也终将不负这寻常巷陌里的良辰美景……

图书在版编目（CIP）数据

就算颠沛流离，也要风生水起 / 赵丽荣著 . — 成都：四川文艺出版社，2024.2
ISBN 978-7-5411-6844-4

Ⅰ.①就… Ⅱ.①赵… Ⅲ.①成功心理 – 通俗读物
Ⅳ.① B848.4-49

中国国家版本馆 CIP 数据核字（2024）第 001169 号

JIU SUAN DIANPEILIULI,YE YAO FENGSHENGSHUIQI

就算颠沛流离，也要风生水起
赵丽荣 著

出 品 人	谭清洁
出版统筹	刘运东
特约监制	王兰颖　李瑞玲
责任编辑	陈雪媛
选题策划	郭海东
特约编辑	房晓晨
营销统筹	张　静　田厚今
封面设计	异一设计
责任校对	段　敏

出版发行	四川文艺出版社（成都市锦江区三色路238号）
网　　址	www.scwys.com
电　　话	010-85526620

印　　刷	天津鑫旭阳印刷有限公司		
成品尺寸	145mm×210mm	开　本	32开
印　　张	8	字　数	170千字
版　　次	2024年2月第一版	印　次	2024年2月第一次印刷
书　　号	ISBN 978-7-5411-6844-4		
定　　价	42.00元		

版权所有·侵权必究。如有质量问题，请与本公司图书销售中心联系更换。010-85526620